在地球瀕臨滅絕時，還原達爾文。

讀懂達爾文與《物種起源》

楊照

總序

爲「人」定座標——「現代」從哪裡來？

楊照

「人是什麼？」這是個貫串古今，不同文化、不同社會都曾經認眞探索的普遍問題。甚至我們可以退一步後設地說：作爲人的第一條件，人和其他萬物都不一樣的根本差別，就在於只有人反身自問：「人是什麼？」

不只是問，而且反覆地問。之所以在幾千年的文化歷程中反覆問：「人是什麼？」也就是因爲同樣的問題，在不同時代、不同社會、不同的大腦中，有不同的答案。問題一直在那裡，卻引出了千百般不同變貌的答案，始終無法穩固確定，於是這個問題就持續留著，持續騷擾、困惑著一代又一代的人們。

即便是不思考這個問題，從來沒有意識這個問題存在的人，實質上也擺脫不了這個永恆、巨大問題的陰影。畢竟，每個社會都是依照對於這個問題的基本想像與理解而組成的，生活在社會裡，無論接受或反抗社會訂定的律則，一個人也還是離不開這個問題。

曾經有很長一段時間，西方社會以「上帝」作爲「人是什麼？」的終極答案。人是由上帝所創造的，依照上帝的意志而形成的，上帝是一切的源頭。曾經有很長一段時間，中國社會以「傳統」作爲「人是什麼？」的終極答案。人是傳統與歷史的產物，傳統與歷史中保留了充分的經驗與智慧，決定了人應該如何思考、如何生活。西方人困惑時，就求助於上帝與代理上帝意志的教會；而中國人困惑時，就乞靈於傳統與記錄傳統眞理的經典。

但這樣的時代過去了。十九世紀的巨變，推翻了上帝的權威，也推翻了傳統的眞理地位。我們活在一個很不一樣的「現代」環境中，「現代」有其和西方或中國傳統都完全不同的規則與秩序，並籠罩、統轄著我們今天的現實生活。

我一直相信，也一直主張：現代人應該要了解現實生活的來歷。我們今天坐在椅子上，而不是坐在炕上、墊子上；我們今天認爲的漂亮房子長得方方正正，有大片透光的玻璃；我們今天的女人穿裙子，穿高跟鞋，畫著凸顯眼睛輪廓的妝；我們今天相信人生最重要的經驗是談戀愛，相信戀愛是婚姻的前提……這些都是現代生活的根本現實，卻都不是歷史上的必然，而是從十九世紀之後才發展出來的「現代」意識、「現代」價值。

這種「現代」是怎麼來的？爲什麼現在我們的生活沒有一天離得開錢，錢包裡有多少錢，存摺裡列出的數位多大如此重要？爲什麼現在絕大部分國家沒有皇帝，沒有國王？爲什麼我們周圍的空間裡充滿了用尺和圓規畫出來的幾何線條，對於不直不圓的線條我們就覺得醜陋、不舒服？

帶著這樣的疑惑，追究這些切身的「爲什麼」，必定會將我們帶到十九世紀的歐洲，回溯到那個時代產生的一些重大主張與觀念。不管我們喜不喜歡，這些十九世紀歐洲產生的主張與觀念，構成了「現代」的基礎，變成了我們今天生活的基本評判標準。

可以這樣說：雖然人還是人，但從十九世紀之後，人被放置在一套新的座標上。在上帝與傳統的權威失效後，「人是什麼?」被徹底重新探索、重新解釋，原來用來定位「人」的舊系統消失了，取而代之的，是一套新系統。一百多年過去了，這套新系統隨著歐洲勢力的發展，被傳播到全世界，將愈來愈多的人統納入這個系統裡來。今天，要了解自己是誰，了解自己的生活，乃至要批判、改革、反叛現實，我們都需要先認眞看待、認眞察知這套系統。

三個人、三本書、三組理論，在這套系統形成過程中，產生過最大的作用。達爾文、馬克思及佛洛伊德，《物種起源》、《資本論》及《夢的解析》，「進化論」、「階級論」及以潛意識爲核心的「精神分析學」，從此這個世界變得不一樣了，或說，人活在這個世界上，和這個世界發生關係的方式徹底不一樣了！

達爾文改變了人和自然之間的關係，馬克思改變了人和社會之間的關係，佛洛伊德進一步改變了人和自身之間的關係。這三個人、三本書、三組理論像是三維的座標般，將人放置到全新的空間裡，逼迫人重新省視自己的定位。

不管過了多少年，只要我們還活在「現代」的系統與座標中，這三個人、三本書、三組理論就不會過時。這三個人、三本書、三組理論不是歷史的陳跡，而是我們想要清醒、明白地活在今天的世界時，始終有用的線索與指引。重訪這三個人、三本書、三組理論，反而是最能讓我們得到足以應對現實的智慧的直接途徑。

自序

「我爲書與外在世界的關係說話。」

——重讀經典，理解經典在歷史長河中的意義

「這是一門讀書課，眞正最要緊的目的，是提供機會讓大家可以讀早就該讀、平常卻總沒辦法安下心來好好讀的書。」

算不清楚多少次了，在「誠品講堂」每期開課的第一天，我都是用同樣的話來開場。這個世界有太多值得我們讀的書，然而弔詭的是，內容愈豐厚飽滿的書，我們往往讀得愈少。這些書，沒那麼容易一翻開就讀。它們挑戰我們的知識準備，更挑戰我們的專注程度，不靜下心來發揮耐心，它們是不輕易開門的。

我清楚知道在這樣的時代、如此環境條件下，「藉口」之重要。那甚

至不是給別人的藉口，而是爲了說服自己、安排自己而不得不有的「藉口」。那麼多占據時間的活動，更多可以不花精神、不費力氣的消遣在我們周圍，什麼時候、什麼情況下才能專心來讀這些不專心就讀不進去、讀不懂的書呢？

我在「誠品講堂」提供了這樣的「藉口」。因爲有課程，課程有閱讀進度，於是報了名上課，也等於給了自己壓力，按照進度讀書。用這種方式，找到一群人大家彼此提供「藉口」好好讀點書。

講堂課程，早先講過一整年三十六講的「現代西方思想名著選讀」，後來又講了一整年三十六講的「諾貝爾文學獎名著選讀」。那兩年的形式，都是每期十二週，每週講一本書，希望上課的朋友可以跟我一起每週讀一本「名著」。兩年課程上下來，我自己發現了設想與現實的巨大落差。這樣上課的方式，在閱讀的質與量的要求似乎都太多了，很少有人能維持進度，那就變成只是我在講課介紹，不再是友善邀請大家一起來的「讀書課」了。

於是，改弦更張重新規畫。將課程調整爲每期十週，每五週講一本書，一期講完兩本書，課程總名也就相應改成了「現代經典細讀」。現代人實在太忙，花五星期讀一本書，書的地位就得從「名著」提升到「經典」；本來一週讀一本，現在五週才讀一本，相對也就是「細讀」了。

「現代經典細讀」既是「經典」又要「現代」，順理成章就從三部對二十世紀影響最深的作品講起——改變人與自然關係的《物種起源》、改變人與人關係的《資本論》，以及改變人與自我關係的《夢的解析》，這三本書除了都很具體改變了世界之外，還有另外兩項共同特色：它們都很耐讀，可以反覆重讀；環繞著它們，都有許多通俗簡化但往往大有問題的說法。

上課講書，其實也給我自己充分的理由，重讀這些書。從當學生到做研究到自己獨立作爲一個讀書人，我對西方十九世紀跨入到二十世紀的思想史，一直抱持著濃厚的興趣。在那個時代，產生了眾多新鮮刺激的觀念想法，這些觀念想法左右了人看待事物的方法，發揮了驚人的改造力量，我們的生活至今仍然在大部分由這些觀念想法創造出來的架構底下。從這樣的思想史背景與關懷出發，我不斷擴大對於這個領域的閱讀理解，在這個領域中讀過愈多的書，做過愈多的筆記，回頭重讀這些經典，就有了愈大的樂趣。

我在課堂上提供的，就是從這種樂趣而來的種種聯繫。書是應該要自己讀的，所以我不需也不該多解釋書中講什麼，我能、我該提供的服務，是用我對思想史的認識，解釋爲什麼在那個時代會出現這樣的書，爲什麼這樣的書、這樣的想法在當時會受到重視，還有，爲什麼這樣的書、這樣的想法後來留傳下來，沒有被淘汰、沒有消失，卻成了「經典」。

書爲自己的內容說話，我則爲書與外在世界的關係說話。我幫忙提供讓書的意義向外延展的連結，或許這樣可以使得書的理路更清晰、更易懂，也可以使得讀書的人從書中得到更多方向與更多元的啓發。花同樣的時間專注閱讀「經典」，或許可以因而得到多一些收穫。

當然，我更希望透過這樣的讀書經驗，讀一本「經典」，可以清楚聯繫到相關的其他許多文本，讓讀書的人邊讀邊就有衝動想要讀下一本書，或想看哪一部電影、聽哪一首交響曲，「經典」不是、不只是閱讀的固定終點，更是一個讓人可以計畫下一個心靈旅程的中繼轉運站。

湯瑪斯．曼在小說《魔山》的〈後記〉中說：「就像無法聽一次音樂一樣，我們永遠無法讀一次書。」拿起書本讀第一次，我們只能好奇追索書中的情節或論理，無暇真正感受書中幽微的細節，更無暇開放自己跟書的接觸，雖然讀了，但漏失掉的一定比讀到的多得多。唯有「重讀」，第二次第三次讀，像是第二次第三次第十次聽同一首音樂作品般，已經熟悉了旋律節奏，我們才眞正聽到和聲的安排，聲部的呼應，結構的邏輯，更重要的，作者的心與讀者的生命間的關係。

我所做的，就是提供一種「重讀」的環境，不只是自己運用相關的知識材料「重讀」這些書，而且讓原本可能第一次初讀這些經典作品的朋友，獲得一點類似「重讀」的樂趣。他們能提早感受到這樣的書精微巧妙之處，也能知覺書中的觀念想法與他們現實生命之間的關聯。

目次

第一章

從《物種起源》的地位談經典存在的意義

讀三十頁的簡本跟讀五百頁的原書，
差別在哪裡？
讀簡本，通常你接觸到的會是「達爾文主義」，
而不見得是達爾文學說。
「達爾文主義」很容易用簡單幾句話講完，
或者說，
把達爾文複雜的內容用簡單幾句話歸納說明，
就會得到「達爾文主義」，
卻不會得到達爾文真正的想法與說法。

一、爲什麼要讀經典，以及如何閱讀經典？

我們爲什麼要讀經典？關於「經典」有一個最簡單、卻也最精確的定義——我們談論得最多，但是讀得最少的書。爲什麼談論得最多，又爲什麼讀得最少？因爲被認定爲經典的書，都曾在這個世界上發揮過很大的影響與作用。經典發揮作用的時代裡，受到這些書影響的人，會用各種正面或反面的方式引用這些書。

以達爾文爲例，自從達爾文的《物種起源》掀起討論熱潮之後，任何一個人談到生物變化，都不能不提到達爾文在《物種起源》書裡曾經說了什麼。信仰、崇拜達爾文的人會說：就算你們不相信我講的，你們總該相信達爾文吧？用這種態度大量引用《物種起源》，解釋達爾文講了什麼。換做達爾文的論敵，他會不懷好意地說：你們聽聽看，這個叫達爾文的人，荒謬到會講出這種話來。

眞正發揮過很大作用的經典，會反覆被別人所引用、被人談論，因而取得了特殊的地位，讓大家覺得、相信，這些是不能不讀的書。這個世界上有這麼多書，一個人一輩子能夠讀幾本？日本作家芥川龍之介有一天坐在家裡，突然有了一個念頭，想要認眞好好算算自己到底讀了多少書？算過之後，忍不住進一步算：那麼自己一生又能夠讀多少書呢？這不是什麼困難的問題，先算算人一輩子能讀書的日子有多少，再算算平均大概要花多少時間讀完一本書，兩個數字兜在一起，馬上就知道了。芥川龍之介算完了之後，竟然就無可抑遏地大哭一場。爲什麼？他發現：自己一生了不起只能讀三千本到四千本書，就這麼多。光是在臺灣，一年出版兩三萬種新書，可是就算很認眞的讀書人，如芥川龍之介者，一生都只能讀三、四千本！

所以必然要有所選擇，一些書應該先讀，一些書可以不急著讀。怎麼決定什麼書先讀，什麼書後讀？一個評判標準當然就是書重要還是不重要。從重要性上判斷，經典，當然必讀，必須先讀。既然是「必讀書」，這樣的書就會進入教育系統，用正式的教育安排來保證你讀到了。可是全天下古往今來的教育有一個共同的特色——有教育就有偷懶的捷徑，就有參考書。進入教育系統後，所有的這些經典，就都有了各式各樣二手傳播的摘要簡本。會有好心的作者站出來問：你以爲讀達爾文一定要讀五百頁嗎？不用！讀三十頁就夠了！心懷感激，我們讀了那三十頁的小冊子，或是課本裡「濃縮」的三十頁，「喔，原來達爾文就是這麼一回事，原來《物種起源》是這麼一回事！」

經典必須原汁原味閱讀

教育體系還有另外一個習慣，會按照學習的階段不斷進行簡化。剛開始的時候，有人把五百頁簡化成爲三十頁；接著就會有人把三十頁簡化成爲五頁；再下來，編國中課本、高中課本的時候，那個五頁就剩下兩頁；到了小學的自然課本，兩頁內容就又變成一段了。我們都先從小學課本的那一段讀起，然後國中讀了兩頁，高中讀了三頁。念完高中，你會發現：

啊，原本我對達爾文只知道這麼幾個字，現在我知道的多好幾倍了，那當然表示我懂達爾文了。

我們誤以爲自己讀過，誤以爲已經知道達爾文在講什麼，其實我們眞正得到的，都是二手、簡化的版本。愈重要的經典，附隨在經典上的二手、簡化版本就愈多、愈方便，方便到後來我們都忘掉要去看一下、要去檢驗一下經典眞正講了什麼。這就是爲什麼經典會具備那種「大家談論很多，但是很少人讀」的特性。談論很多，所以導致很少人去讀，這中間是有因果連結的。

經典，我們往往都沒讀過，卻誤以爲我們知道很多。所以有一些經典，值得我們今天認眞回頭重新完整閱讀。什麼樣的經典值得重讀，應該重讀？要思考這個問題，也許可以倒過來先問：有哪些曾經發揮很大影響作用的經典，不需要重讀？大家都知道牛頓「力學定律」，牛頓發表的力學論文完全改變了人對物理的認識，建立了現代的物理學。牛頓是現代物理學之父，還有拉瓦節是現代化學之父，不過除非你對於科學史抱持強烈的興趣與使命感，否則你不需要回去看牛頓的論文，也不需要重讀拉瓦節的論文。

即使是研究科學史的人，即使是專門研究牛頓的人，都不見得有興趣讀牛頓的經典論文。最近幾年科學史領域，出了好幾本關於牛頓的書。有一本書叫《牛頓是個小心眼》（*Newton's Tyranny*）（註一）；還有一本上下兩冊，（註二）上冊叫「最後的巫師」，下冊則是「科學第一人」。這些科學史家，他們最感興趣的是討論牛頓這個人，尤其是他如何成為現代物理學之父，過程中的考量與手段。還有，牛頓一輩子一直到死，都是煉金術的忠實信仰者。「科學第一人」同時也是「最後的巫師」，這中間巨大的矛盾、巨大的戲劇性，要如何統合理解？我們聽起來不可思議，不可能並存的事情，卻是那個時代牛頓生命的具體真實狀況。這樣討論牛頓，很有趣也很有啓發，卻不需要重讀他的論文，也不容易在他的力學論文中讀出新意義來。

經典閱讀的選擇有哪些必備條件

在有限的時間裡面，適合選擇閱讀的經典應該具備幾個重要的條件：第一，它是很難被簡化的，在簡化的過程中，會失去這本書許多的內在力量，失去許多內在意義。今天我們不需要回頭讀牛頓，因爲他的力學論文是可以被簡化理解的。牛頓所觀察的星球移動等天象，現在都還一樣在天上，我們可以自己複製牛頓的觀察，了解他的力學結論怎麼來的，不一定需要透過讀他的論文原文。可是，達爾文的書卻不是這樣。《物種起源》裡面有很多紀錄與推論的內容在簡化過程中往往就消失不見了。

註一：此書爲大衛．克拉克（David Clark）與史蒂芬．克拉克（Stephen Clark）所著，王紹婷、孫嘉芳翻譯，由新新聞出版社出版，探究牛頓對其他人的科學成就所懷的敵意，透露這位科學天才的內心黑暗面。

註二：此書由天下文化出版，作者爲麥可．懷特（Michael White），書中將牛頓定位爲現代科學之父，但同時也是無藥可救的煉金術士，呈現牛頓的矛盾性格，以及他所面對巫術終結與科學開始的時代交錯。

選擇閱讀經典的第二項條件是，這本書要在現在的環境底下，以一般人非專業的立場，都還是可以讀得懂的。例如，我不可能假設大家具有數論的基本訓練，連微積分我也不敢假設每一個人都學過。所以那種必須要學過微積分才能讀懂的經典，就不是我們能選來讀的。基本上要以我們今天的常識，以今天非專業讀者的立場，還能夠讀得懂。

第三個條件是，今天讀這本書的經驗和結果仍然是令人愉悅的（enjoyable），是可欲的。我並不相信有些人提倡、宣傳的「無痛學習法」，他們強調的「無痛」，是說學習過程可以很有娛樂性、很快樂，輕輕鬆鬆，這我不相信。眞正的學習一定要挑戰你的能力限制，毫無疑問，如此受到挑戰，你才會成長。如果讀一本書從頭到尾都是娛樂，你大概也學習不到什麼東西。人類文明有一個基本的價值，那就是過去創造累積的東西，超過我們原本個人的能力。我們站在這些累積上，因而有辦法超越本來的生命限制，變成今天這樣的人。所以，學習的快樂是來自於經過努力，終於搞懂、終於知道、終於明白所帶來的自由。我們要挑選今天仍然可以教我們新知識，帶給我們理解這個世界的新自由的經典。如果你願意付出時間來閱讀這樣的經典，最終你會得到不讀這些書不會擁有的自由。

二、《物種起源》爲什麼這麼重要

達爾文這本《物種起源》，地位特殊。當今任何一個生物理論，任何一個生物學家的任何主張，首先都必須跟達爾文對話，尤其是跟他提出的「演化論」對話。

我們今天可以從不同層次理解「演化」，從物種的「演化」，到生物個體的「演化」，到生物分子的「演化」，到基因的「演化」，然而不管哪一個層次的「演化」，只要牽涉到對於生物變化的解釋，沒有人能忽略達爾文、跳過達爾文。

達爾文至今仍然貼近我們的知識範疇，所以讀達爾文時，我選擇的基本態度是詮釋、註解。我所扮演的角色是，如果你讀了這幾章，那麼這些內容中有哪些東西是我可以進一步幫大家翻譯解釋的，不是字句上的翻譯，而是說明爲什麼那個時候會出現這樣的概念，這個概念後來又發展演變成什麼樣的東西。我希望如果用這種方式讀書，用這種方式理解《物種起源》，你能取得一種明確的自由。你可以擁有能力自在地接觸翻閱書店書架上許多跟生物學有關係的書。你看到有一本書叫做《達爾文的夢幻池塘》（*Darwin's Dreampond*）（註），你會很自然、很自在地把它拿下來，把書前面的導讀看完，把金恆鑣寫的序文看完，很快翻翻第一章，心裡就有譜知道該怎麼去接近（approach）這本書，因爲已經有達爾文在你背後支持你了，《達爾文的夢幻池塘》再怎麼樣的光怪陸離、稀奇古怪，都不會嚇到你，你得到了這樣的自信與自在。

達爾文不等於達爾文主義

讀三十頁的簡本跟讀五百頁的原書，差別在哪裡？讀簡本，通常你接觸到的會是「達爾文主義」，而不見得是達爾文學說。「達爾文主義」很容易用簡單幾句話講完，或者說，把達爾文複雜的內容用簡單幾句話歸納說明，就會得到「達爾文主義」，卻不會得到達爾文眞正的想法與說法。讀很多不同簡本，累積很多很多歸納的說法，仍然不等於接觸到原本的、複雜的知識。這個世界最麻煩的地方，就在一方面我們必須找到簡化的方式，來掌握這麼多這麼複雜的現象，可是另一方面，卻又不是所有的東西都可以簡化，都能找到有效的簡單方法來處理。終究，我們心中一定要有一些如實面對複雜的準備，作爲理解這個世界的基礎，承認有些複雜的東西就是沒辦法以簡單的方法獲得。

達爾文所說、所主張的，不等於「達爾文主義」。「達爾文主義」的

註：此書的作者是提斯・戈德史密特（Tijs Goldschmidt），中譯本由時報出版，二〇〇三年獲開卷翻譯類十大好書獎。

主要內容，包括進到中國變成「物競天擇」的說法，和托馬斯・赫胥黎（註二）的關係，還比跟達爾文的關係來得緊密些。赫胥黎是達爾文的好朋友，也算是他的學生，然而赫胥黎的個性比達爾文強烈、急躁多了。他把達爾文細膩、耐心鋪陳的演化說明，用很簡單很快速的方法予以籠統歸納。王道還（註三）在替商務版《物種起源》寫的導讀中有這樣一段話：「到了十九、二十世紀之交，許多學者甚至相信天擇理論已瀕於死亡。這時流行的各式各樣的演化理論，共通點是目的論的宇宙觀。」王道還要講的，應該是：西方生物學的研究者，到十九世紀末、二十世紀初，他們並沒有覺得達爾文以「物競天擇」來解釋演化原因，有很大的說服力。然而，也就是同樣那個時代，透過赫胥黎歸納、詮釋、擴大運用的「達爾文主義」，卻還是當紅的。千萬不要誤會以為那個時候「達爾文主義」、「物競天擇說」在歐洲沒有人理。生物學上的達爾文學說，和廣義的「達爾文主義」，兩者不太一樣。

經典往往跨越學科

在臺灣一個很奇怪的現象是，很難在任何一所大學或研究所上到閱讀基本經典的課程。基本經典的共同特色是它們的影響力太大，大到超越學科的界限，反而就沒辦法放入任何一個科系裡。臺灣有超過一百所大專院校，總共幾千個研究所，哪一個研究所在設計學程時會想到，學生們非得

註一：托馬斯．赫胥黎（Thomas Huxley，一八二五—一八九五）：因捍衛達爾文的理論而被稱爲「達爾文的堅定追隨者」，是英國著名的博物學家，著有《天演論》，中譯本由臺灣商務出版，爲嚴復的譯本。其孫阿道斯．赫胥黎（Aldous Leonard Huxley，一八九四—一九六三），即《美麗新世界》（*Brave New World*）的作者，該書與喬治．歐威爾的《一九八四》（*Nineteen Eighty-Four*）及薩米爾欽的《我們》（網路與書出版），並稱爲二十世紀三大反烏托邦小說。

註二：王道還是中央研究院歷史語言研究所的助理研究員，譯有《醫學簡史》（*Blood and Guts: A short History of Medicine*）（商周）、《第三種猩猩》（*The Third Chimpanzee*）（時報）、《盲眼鐘錶匠》（*The Blind Watchmaker*）（天下文化）等書，並編寫《達爾文作品選讀》（誠品）。

讀達爾文不可？即便是生物系都不覺得非讀達爾文不可。

那就更不用提馬克思了。馬克思該放到哪一個科系裡？經濟系嗎？哲學系？政治系？哪個系會想到非教非讀馬克思不可？還有尼采也一樣。尼采最有可能被放進哲學系，然而從哲學系的標準看，他實在不是一個嚴謹的哲學家，他在哲學史上的分量和地位，到今天爲止都還有很大的爭議。尼采的《查拉圖斯特拉如是說》是一本語錄，記錄了各式各樣的奇想幻想，拼湊成一本奇怪的書。尼采的書，是時代精神（Zeitgeist）的創造者，也是時代精神的代表，那是歐洲思想與價值脈動快速變化的關鍵時刻，歐洲正艱難地從後期浪漫主義掙扎地走向現代主義，尼采的古怪瘋狂，是這個轉換時期的古怪瘋狂。理解尼采，就需要重建那樣的時代精神。閱讀《查拉圖斯特拉如是說》，一定要同時聽理查．史特勞斯的音樂。還要上溯李斯特，旁及馬勒，看到在那個時代眾多領域都在發生變化。這些變化表面上看起來是散的，可是最後感覺上內在還是有某種統合的脈絡，《查拉圖斯特拉如是說》就是那統合脈絡的精采代表與展現。

另一個例子是佛洛伊德的《夢的解析》。佛洛伊德研究人的意識，然而他研究人的意識的結果，最後卻是爲二十世紀現代人創造出一種新的意識。本來意識是佛洛伊德所要探究的課題，所以他才討論夢，可是等到他從《夢的解析》一路下來，把潛意識、把人的那種不可言說、不在理性範圍以內的東西一一挖掘出來之後，就讓二十世紀的人多了一個層面（dimension），多了一個十九世紀的人、維多利亞時代的人無法感受也沒辦法想像的另一個層面。藝術，尤其是繪畫跟文學，受到佛洛伊德《夢的解析》以降關於潛意識狀態啓發，深刻影響，才迸發出二十世紀特殊的創造力。所以佛洛伊德不能單純放在心理學裡談，精神醫學又往往當他是野狐禪（註），可是我們的文學系、美術系或歷史系又缺乏理解佛洛伊德的訓練，結果就是大家統統都不讀、不用讀佛洛伊德了！

我們也不讀普魯斯特。普魯斯特怎麼讀？讀普魯斯特，即使讀的是譯

註：原意爲錯解的佛法，後泛指胡說八道、異端邪說。

本，你至少要能夠想像、模擬他所使用的原始法語可能傳遞的訊息。不懂法文沒關係，但要懂得，至少要關心，法文作爲Romance languages當中的龍頭，其語系的傳承怎麼來的；它的語言當中重要的特色又是什麼？也就是說，當你讀中文譯本時，一邊不斷地停佇想像，原來在法文裡面它所要創造出來的效果是什麼？除此之外，《追憶似水年華》還是一份超越其時代的現代人心理彰示，比後來科學化的心理學（Psychology）對人類心理的探索可能都還要來得更加深刻。這本經典最精采的貢獻就在刻畫人作爲主體，面對客體世界時，原本的主客二分法並不適用、更不精確，普魯斯特以極其細膩的方式，找出人如何誤解外在世界，或說人主觀認知的客觀環境充滿了曖昧矛盾。這又是一個放不進任何單一學門的大作品。

第二章

《物種起源》的時代背景

達爾文要探索物種的起源，
這個問題的提出就已經拒絕了創造論者的前提了。
書一開頭第一部分，第一章到第四章，
他提出一個清楚的概念，
用這個概念開始建構他的論點。
這個基本概念就是物種是會變化的。

一、《物種起源》的基本概念是物種會變化

《物種起源》是達爾文於一八五九年年底出版問世的書。這本書在結構上，是三部曲，第一部曲是從第一章到第四章，目的在於建立起基本的概念——物種是會變化的。

理解西方歷史，有些重要的背景不能放掉、不能忘掉。十九世紀前，西方歷史最基本的脈絡與主軸是基督教以及基督教會。我們不能忽略教會對於這個世界提供了什麼樣的解釋。教會說的幾乎就是大部分人接受、相信的。基督教會對於這個世界解釋的出發點是：一切都是上帝所創造的，這個命題很簡單，而且沒有商量的餘地。可是簡單的命題，卻會引發後續許多複雜、艱難、甚至矛盾的推論。例如：上帝創造的這個世界，會不會改變？

自然會不會改變？

上帝創造的世界會不會變？針對這個問題，十九世紀之前——尤其從文藝復興以降——西方的基本取向是將人的現象與自然現象分開來。文藝復興時期一項重大意義，在於擺脫了「中古」的停滯概念，將時間重新嫁接回來。文藝復興時代的人，將之前的一段歷史命名爲「中古黑暗時期」。「中古」爲何「黑暗」？其中一個理由就因爲：時間失去了意義，或說：時間是人的負擔，而不是人的資產。

開啓中古思想最重要著作之一，是奧古斯丁（註）的《上帝之城》（*The City of God*）。《上帝之城》在講什麼？《上帝之城》就是講我們所看到、所經驗的這個人間世界不是眞實的世界，它只是「上帝之城」那個理想的

註：奧古斯丁（Saint Augustin，三五四—四三〇）：著名的神學家與哲學家。著有《懺悔錄》（臺灣商務）、《上帝之城》（香港道風）。

世界的墮落或者是幻影。所以，人活在這個世界就是要努力超越這個有時間的、會變化的人間世界，藉由崇拜上帝、藉由教會的幫助，尋求能夠進入「上帝之城」。「上帝之城」是永恆的，在那裡，時間是凍結的，這才是好的、才是對的。

會變化的、有時間性的世界，是劣等劣質的世界。這樣的中古價值觀，這樣的時間感，到了文藝復興時期改變了。文藝復興時期重新發現了希臘羅馬的文明，改寫了人的發展過程。他們崇拜希臘與羅馬，因而主張人類曾經有過一個「古代」，那是輝煌、美好的時代，後來「蠻族」進來，摧毀了羅馬帝國，人墮落了、社會也敗壞了，所以才進入到「中古」。為什麼將之命名叫「中古」？表示那是橫隔在古典時期和文藝復興中間的一段，打破了文明連結的黑暗插曲。

文藝復興時期的人要將歷史接回去，一方面是連結古典的輝煌，另一方面則是平反「時間」與時間觀念。時間不是像奧古斯丁所想像的那種負面的壞東西。人活在時間中，人是有歷史的，人可以在歷史當中累積人的變化。

這樣的概念一直傳流到十九世紀。換句話說，大家相信人是會變化的，人的變化不可能、也不可以被否認。可是自然呢？

直到達爾文的時代，在教會的觀念中，在絕大多數人的通俗概念下，自然是不會改變的。自然就是上帝開天闢地時所創造的，上帝創造這樣的自然，一定有祂的道理，我們不需要假設自然會改變。人從亞當和夏娃以來，經過了很長的歷史，可是亞當見識、記錄、命名的那個自然世界，卻應該跟我們今天看到的一樣。山還是山，海還是海，蛇還是蛇，蘋果還是蘋果。

不過，「亞當不在、伊甸園卻不變」的信念從十七世紀以後，受到各式各樣的衝擊，到十九世紀終於動搖了。一個衝擊「自然不變」信念的力量，是對化石（fossil）的研究。西方在十七世紀、十八世紀，開始認眞試圖理解化石是什麼。化石是過去的古代動植物生態被凝結起來，因而在化石裡面，我們可以看到時間，看到五萬年前、十萬年前動植物的樣子。

化石研究在十八世紀獲得了重大的突破，靠著古地質學累積的經驗，人學會了如何衡量地質時間。早先的時候，人發明了各種稀奇古怪的方式來解釋化石。例如說：這可能是奧林匹克山上諸神所留下來的印記；或者那可能是上帝交給摩西的一個啓示等等……。十八世紀之後，人們開始普遍排除了這些神話神怪說法，同意：化石就是過去自然生態所留下來的痕跡。加上取得了能夠衡量、計算化石存在時間的方法，相應就產生了一連串疑問。爲什麼留在化石上面，我們看到的這些動物、這些植物，跟今天看得到的動植物都不一樣？爲什麼我們在化石上看到有一些東西就算和今天的某一些生物有點類似，卻又不完全一樣？化石上面留下來的究竟是什麼？它們跟現實自然，我們所處所觀察到的這個自然世界之間的關係到底是什麼？

地理大發現的衝擊

第二股更巨大的衝擊力量，則是來自於「地理大發現」。從十五世紀大幅進展的海上冒險以及連帶的地理大發現，將歐洲人帶到他們過去不能想像的各式各樣地方，每一個地方都有太多歐洲沒有的新鮮東西。

西方航海史和地理大發現，是改變歷史的重大主題，而其中有不可思議的因素。人類眞的不是被上帝——如果眞的有上帝的話——設計來在海洋上生活的，要在海洋上度過長時間對人而言，是近乎無法克服的極大挑戰。到今天爲止，我們還是無法充分解釋那個時代的歐洲人到底中了什麼邪，還是吃錯了什麼藥，明明在陸地上活得好好的，卻要跑到海上去。這背後有那個時代強烈的求知欲望，強烈到令人驚歎。

留名在歷史上的大航海家、大發現者，他們很英勇，可是他們的英勇往往建立在很薄弱的基礎上。以哥倫布（註）爲例吧！哥倫布基本上是個很

註：哥倫布（一四五一——一五〇六）：航海家，於一四九二年十月十二日登上美洲大陸，這天被稱爲「哥倫布日」。

糊塗的人，他之所以敢進行前所未有的航海行程，主要是因爲他算錯了。哥倫布一輩子到死，都相信自己四度跨越大西洋抵達的地方是印度，或者是日本最東邊的列島。他最大的成就是發現新大陸，但他自己卻始終沒有承認那是新大陸，他堅持找到了一條往西走到達東方的路。

有些通俗的書上說：哥倫布很了不起，當時別人都不相信地球是圓的，所以沒有人敢藉由向西航行到東方去，只有哥倫布又有遠見又有膽識。這是誤解。十五世紀後期，已經發展了專業的製圖技術，航海家和製圖家都已經知道，而且都已經確信地球是圓的，他們都知道一直往西走最後還是會到達東方。那爲什麼這些人都沒有選擇這條航程呢？因爲按照當時的計算，已知的歐亞大陸大約占了一百六十度，如果是這樣，往西走去東方，整整要跨越地球表面兩百度的距離，這樣走不划算嘛！哥倫布眞正跟別人不一樣的地方，是他的估計算法。他主張歐亞大陸的面積占到一百八十度，然後他認爲從馬可孛羅的遊記裡面，可以得到證明日本在中國東方三十度。因而如果以日本爲目標，航行的距離，就只有一百五十十度。再來，不要從西班牙出發，改由迦納利群島出發，就可以再省九度，只要航行一百四十度左右就能西行到達東方了。事實證明，中國跟日本的距離，西班牙跟迦納利群島間的距離，哥倫布都算錯了，都誇大了。而且在將地表度數換算成里程數時，他又錯了，將哩和浬混為一談，很多人家標浬的數字他都換成哩，如此算一算，他相信不需要航行太久，就可以從西邊到達東方，從西邊到達東方比較近。

簡單說，哥倫布就是算錯了，他計算出來的航行距離只有實際距離的一半，所以他才有那麼大的勇氣出發航行。他誤打誤撞撞到了一個當時歐洲人完全不曉得的，橫亙在歐洲與亞洲大陸中間的一大塊美洲大陸，因為美洲大陸離歐洲，差不多是哥倫布計算從西班牙到亞洲東邊的距離，所以他始終相信自己到了東方。

後來許多美化哥倫布的傳說，跟歷史事實往往不相符。你們可能讀過、聽過，他帶到船上的水手，航程中一直看不到陸地，覺得很害怕，不曉得什麼時候會航行到世界盡頭，從一個無盡的大瀑布跌落下去。只有哥倫布很鎮定，靠他的自信英勇穩住了船員的心情。不曉得你們有沒有讀過、聽過，史料上記載他想出來安慰船員的方法？哥倫布準備了兩本航海日誌，一本放在船長室桌上，人家進來就可以翻看，另外還有一本，偷偷鎖在抽屜裡。抽屜裡那本，記錄了他眞正估計的航程距離，今天走了多遠，離開出發點多遠；船長室裡船員可以看得到的那本上面，哥倫布就刻意將航程距離減了剩一半，讓船員覺得沒走那麼遠，可以安心點。然而歷史學家發現，他以爲自己說謊寫在公開日誌的數字，還比較接近事實！

激勵像哥倫布這樣的航海家的，不只是冒險刺激，不只是發財成名的機會，不只是去別人從來沒去過的地方，還有一個理由——要發現那個地方各式各樣特有的動物跟植物，從中更完整地理解上帝創造的世界。尤其是十八世紀以後，每一次重要的遠航，船隻上面都要有跟船的博物學家。這些隨船航行的博物學家最大任務就是搜集標本回來，建立一套新的知識系統。這些人搜集的東西帶回歐洲之後，刺激了一項在十八、十九世紀大幅發展的新學科，就是「分類學」。並不是說在此之前，歐洲人不懂分類、不做分類，而是說：分類作爲一門重要的學科，非做不可，是因爲必須要處理那麼多航程從那麼多地方，不斷帶進來的大批大批稀奇古怪動物植物標本。它們來得太快太多，無法一一研究、一一理解，那麼就只能先將它們分類，藉由分類來掌握它們的相關性，藉分類系統來安排不斷擴張的自然資料。

分類學家林奈當時遭遇的壓力

林奈（註）是分類學最重要的專家，他創設的分類學原則，我們今天都還在使用。林奈當時進行分類思考時，曾感受極大的困擾：來自於各地的不同的動植物應該要用它們被發現採集的地方作爲分類原則，還是應該以它們的外表長相類似的程度作爲分類的標準？我們今天通用的分類學，

註：林奈（Carl Linnaeus，一七〇七—一七七八）：瑞典自然學者，現代生物學分類命名的奠基者。

界、門、綱、目、科、屬、種，是用類似性作爲分類的最重要標準與原則的，然而，思考過程中，其實林奈一直無法擺脫必須在動、植物分類上考慮地域性的壓力。壓力從哪裡來？因爲世界是上帝創造的。上帝在歐洲人過去不了解的地方、沒有去過的地方，創造了這樣的植物、創造了這樣的動物，應該是有其道理的。所以我們如果都不考慮地域，不就意味著否定了上帝的設計，或至少漏讀了部分上帝意旨了？

愈多的標本送到分類學家眼前，他們發現來自不同地方的動物與植物的確不一樣。非洲大陸的動物、植物與來自中南美洲的不一樣，甚至中南美洲本土大陸陸地上的動植物也和旁邊群島上的不一樣。可是再進一步看，我們卻又沒辦法確認地域性差異的原則。並不是離歐洲愈遠的就愈奇怪。例如說，在歐洲有Ａ物種，又有Ｂ物種，然而在遙遠的美洲卻發現了型態上介於Ａ、Ｂ之間的物種。爲什麼會這樣？分類與地域性的討論，慢慢就導向了達爾文試圖要解答的大問題了——到底物種是怎麼來的？

二、《物種起源》的結構與時代背景

達爾文這本書的書名就是源於這個巨大的疑惑。爲什麼會有物種？物種的差異及其分布，有什麼原則可循嗎？一八五九年達爾文出版這本書，是被逼出來的。因爲他發現華勒斯（註）已經陸陸續續發表了類似的研究與想法。達爾文在這本書上已經花了十幾年、將近二十年的時間，當然不願意明明是自己先發現的東西，到後來卻要掛別人的名字，所以他才咬牙決定將書出版。

可是爲什麼那麼久的時間他都不發表自己的發現？因爲他太清楚這樣的想法、這樣的研究跟當時主流的創造論者（Creationists）直接衝突。*The Origin of Species*？在創造論者的信仰中，這哪需要寫一本書？物

註：華勒斯（Alfred Russel Wallace，一八二三—一九一三）：英國人類學家，提出「自然選擇」理論，促使達爾文發表其演化論。

種，到底是什麼？物種從哪裡來的？太簡單了，那是上帝的意志（God's Will）。上帝創造這個世界，那你說物種怎麼來？物種跟世界上所有的東西都同樣來自上帝。

達爾文要探索物種的起源，提出這個問題就已經拒絕了創造論者的前提了。書一開頭第一部分，第一章到第四章，他提出一個清楚的概念，用這個概念開始建構他的論點。這個基本概念就是物種是會變化的。在創造論者的概念中，長期以來認爲只有人有歷史，自然是沒有歷史的，這樣的概念下沒有物種變化的空間。我們看到世界上有許多不同物種，這是無可否認的事實，然而物種怎麼來的？因爲上帝本來就造了這邊這樣一種青蛙，讓牠長得跟那邊那樣一種青蛙不同嘛！聖經上也沒有說上帝總共創造了多少物種在這個世界上。所以對創造論者來說，發現的新物種，不過就是由於我們原來不曉得上帝造了這樣的東西而已，那是我們人類知識的局限。我們沒有眞正發現什麼新東西，所有事物都是上帝全知全能創造的。

達爾文要挑戰這種簡單的答案，他要告訴我們：我們今天看到的許多物種，是從其他物種變化來的，物種是會發生變化的，從這一種變成另外一種。兩種青蛙爲什麼長得很像，卻又在某些小地方有所不同？那是因爲其中一種是從另外一種演變出來的。《物種起源》的前面四章就是確立演化（Evolution）這個基本概念：物種是會演化的。

第二部分，從第五章到第九章則是和假想的論敵進行辯論。物種變化可能有哪幾種說法？關於物種變化，會有哪些反證？達爾文一一將他看過、聽過、想像得到的反對意見一一羅列，再一一仔細耐心地予以反駁。

到了第三個部分，從第十章到第十四章，達爾文一方面統整他前面所論述的各種觀點，另一方面要在這五章中建構起一套自然史的方法論。什麼叫「自然史的方法論」？首先，自然也有歷史，今天我們所看到的自然是因爲時間的變化所創造出來的。但是我們怎麼知道？一直到今天，任何時代都沒有時光機器可以將人送回到兩萬年前、三萬年前。既然不能眞正回到幾萬年前去看跟我們今天完全不同的自然環境，我們又如何確知遠古自然環境是這樣的？我們怎麼知道自然會用什麼方法，如何一步一步變化？在這五章中，達爾文進行了各種試驗，藉不同方法、從不同角度說明自然如何變化。

達爾文採用的四種方法

古爾德（Stephen Jay Gould）在他的巨著《演化理論的結構》（*The Structure of Evolutionary Theory*）中，有一整章就是在導讀《物種起源》。他歸納了達爾文的四種重要的方法，讓我們能夠理解、乃至探索自然的歷史。

第一種方法是：藉由今天看到的東西，推想過去的狀況。《物種起源》一開頭是從家鴿，豢養狀態下的鴿子寫起的。由人類所豢養的鴿子，因爲一代一代都在人類眼光記錄下養出來，我們明明白白看到牠們是會變化的。如果人類養的鴿子，在不同的環境條件下會產生物種變化，我們就可以類推：以前的動物，不管多少年前，在不同的環境條件下長養，也會有所變化。

達爾文一生中寫過的最後一本書，研究的對象很奇怪。當時他早已聲名大噪，在英國既是最被崇拜，也是最被痛恨的人。他晚年的最後一本書選擇了蚯蚓作題材。蚯蚓怎麼值得那麼了不起的大生物學家研究？古爾德說，達爾文就是故意選了一個我們以爲最不重要、最不起眼的東西來彰示，我們能如何從現實裡的細微現象回溯回推，來了解這個世界，了解自然如何變化。達爾文寫蚯蚓，基本的論點就是我們今天可以衡量計算每一隻蚯蚓翻動地表的現象，經過牠的轉化，創造出不同的土壤，整理這些資料，就能夠進一步研究、理解，長遠以來英國表土的形成，探討英國表土形狀的變化。爲什麼能這樣做？因爲我們知道今天蚯蚓的行爲，於是類推過去蚯蚓的行爲。這是第一種方法，第一條原則。

第二種方法是「排比」。我們看到有些物種，身上大部分特徵都很類似，但在某個特殊器官或身體功能上，卻有不同變化，我們就能把這些變化排列起來。例如說脖子的長短，從最短的一路一直排到最長的。或者是，例如在海底魚類的鰓，從鰓功能最小的一路排到最大的。藉由排比，我們可以看出很多的變化訊息，可以從排比來推論變化的方向跟變化的次序。

後來的生物學研究，陸續證明達爾文在《物種起源》一書中，犯過滿多錯誤的。他犯的一項重大錯誤是他將鰓和肺的演化次序弄反了。在他的排比中，誤將鰓當作是比肺功能更大的呼吸器官。不過這樣的錯誤並未影響達爾文在那個時代提出排比法的重要性。我們藉由將各種不同的差異排比羅列，大概就可以看出物種在不同的環境底下，器官與功能會如何由大變小或由小變大，或者是身體的哪個部分會特別調整變化，這是第二項原則。

如果類推和排比都沒有辦法幫我們找出物種關係的因果線索時，怎麼辦？對於某些物種的定位，我們不是那麼有把握，怎麼辦？達爾文的第三種方法，是將眾多各自看來都很薄弱的論點，全部集合在一區，讓它們暫時變成一個大雜燴，再讓大雜燴裡的元素彼此互補互相辯證，最後總會找出一條最有用的線索，導向最有說服力的答案。達爾文在最後五章中花了很長篇幅，他藉由研究南美洲群島與南美洲本土動物間的差異，去反駁創造論者。他一口氣提出了十種或十一種（看你用什麼標準計算）現象，一一說明，如果物種眞的是上帝創造的，會這樣嗎？應該不會。會那樣嗎？應該也不會……。看似凌亂的十種、十一種現象洋洋灑灑排開，結果出現了具體的相關性——如果有上帝，如果上帝依照創造論者的信仰創造世界，那就不應該有這十或十一種現象。本來的大雜燴神奇地變成一帖強而有力的藥。這是達爾文運用的第三種原則。

還有第四種重要的方法。達爾文會刻意在今天的生物物種身上，找出看起來不合理的部分。怎樣叫做不合理？譬如說有些生物身上的某個器官，在今天的環境中，完全用不到。爲什麼會有用不到的器官黏在牠身上？假設一，如果生物是上帝創造的，上帝沒事好玩就在一個動物身上多黏一個沒用的尾巴給牠？假設二，或許是，這種動物以前生活的環境，需要用到尾巴，後來環境改變了，尾巴用不到了，然而牠還來不及找到方法讓尾巴消失？兩種假設，哪一個比較有說服力？如果接受後一個假設，那麼也就等於接受了物種會變化，自然也會變化的論點。

最後的五大章，一邊建立論證，一邊同時鋪陳了一套自然史研究方法論，後來的人站在達爾文的基礎上，就可以用這四大原則、方法進行自己的研究，對於自然史的研究，也就因而有了很快速的進展了。這是達爾文另一項不容忽視的巨大貢獻。

建立演化事實並探索演化的道理——物競天擇

《物種起源》這本書有兩大目的，這兩大目的彼此互相關聯，卻不完全是同一回事。達爾文首先要說服他的讀者——物種是會變化的，堆砌了很多很多，如同排山倒海而來的證據，要撼動原先讀者心目中想像的一動也不動的自然世界。舊有的觀念中，大家想到物種，例如說貓、狗、老虎、兔子，任何一個物種，總覺得牠們三千年前是這樣，三千萬年前也是這樣，達爾文要打破這個觀念，因此他建立了演化的事實。

不過在建立起演化事實之外，達爾文還有更大的野心。他要探索演化的道理是什麼，爲什麼會演化，又如何演化。這個道理就是「物競天擇」（Survival of the fittest），生物爲了適應環境發生了各式各樣的變化，即使是非常非常微小的變化，經過與環境的互動，在適應環境過程中被固定、存留下來，這才是促成生物演化最根本的力量。要了解物種爲什麼從這樣變那樣，不可能從中間隔了十萬年的兩個物種間比對去找結論，而是要更耐心地去追索物種在不同環境當中許許多多細微變化。演化怎麼來的？演化是所有的細微變化的不斷累積，一直累積、一直累積、一直累積，累積到後來才產生新的物種。因而這裡面就有了一種新的時間感，一種新的時間觀。自然史的時間，是以物種的變化爲尺度的。這些變化不是發生在我們的日常時間尺度下的，不是說今天天氣突然變得很冷，於是我身上的毛髮就變厚了，事情不可能這樣發生。可是如果天氣是在五百年、一千年、兩萬年間持續累積變化，累積的細微變化會讓身上毛髮較厚的人，得到比較有利的適應環境，於是活下來的人身上的毛慢慢變多了，或許眞有一天，人類都不需要買皮草了，我們身上自己就長了一層天然皮草，不過，說不定那時候也就發展出另外一種生物，換他們要把我們殺了，剝掉我們身上的皮草。

變化不是短時間的，變化是累積的，變化是漸進的。爲什麼我們以爲人才有歷史，自然、生物沒有歷史，是不動的？那是因爲人類的生命太短，沒有辦法看到這麼長尺度的時間。要理解自然的歷史，我們先要建構一套方法，看到長遠的時間。這種時間感的改變，以幾萬年幾十萬年爲尺度的時間進入我們的生活中，對二十世紀意義重大。達爾文試圖說服他的讀者，你要擦亮自己的眼睛，研究自然史跟研究人類歷史，很不一樣。人類歷史相對是比較好研究的，主要研究的對象是事件。你可以研究滑鐵盧戰役，可以研究一八四八年革命；甚至是研究達爾文一八五九年出了一本書，這本書在短短的幾天之內全部賣完，然後在全英國掀起騷動……這些被研究的對象，都是事件。自然史卻沒有事件，至少沒有這麼多事件，恐龍滅絕是個大事件，但這樣的事件幾億年才發生一次！

達爾文不研究恐龍滅絕的。對他而言，了解自然史，只能靠觀察細微變化經過幾千年、幾萬年、幾十萬年、幾千萬年逐漸放大的結果。你必須先有足夠敏感、敏銳的觀察，要不然你看不到自然的微小變化，你也就無從想像這些變化透過漫長時間，放大千倍、萬倍之後的結果。

《物種起源》的延伸閱讀：古爾德的著作

要理解達爾文、理解《物種起源》，我特別建議的延伸閱讀是前面提到古爾德的著作。古爾德在臺灣很有名，很多人知道他是一位傑出的科普作家。他在《自然史月刊》（*Nature History*）上，整整寫了二十五年的專欄，一共寫了三百篇。他的名言是：管它天堂、地獄、世界大賽或癌症，從來沒有缺交過一篇稿。他是個美國職棒球迷，而且這過程中，他眞的罹患了癌症，但都準時交稿，眞的很了不起。二十五年寫了三百篇專欄，每隔一段時間就將專欄文章結集成書，幾乎每一本這樣結集成的書，都賣上暢銷書排行榜，臺灣也翻譯出版了不少本。例如其中一本的書名是《貓熊的大拇指》（註），「貓熊的大拇指」有什麼意義（significance）？「貓熊的大拇指」就是前面提到的「演化的遺留」，一點用處都沒有。但卻能夠當作證據，對我們呈現環境與演化之間的關係。

其實古爾德不只是個通俗的科普作家，他長期在哈佛大學任教，是一位非常認眞而且很有成就的演化科學家。二〇〇二年，他在《自然史月刊》寫的最後一篇專欄，標題叫做〈一個開始的結束〉，他要告別這份刊物，經過整整二十五年，整整三百篇後，他說：我不寫了。同一個時間，他出版了一本巨大的書《演化理論的結構》。這本書有多大呢？不包括附錄和索引，都還有一千三百多頁，而且用了一般書架擺不進去的大開本，密密麻麻排滿字，這樣的一千三百頁。古爾德一生對於演化的研究與想法，都在這本書中完完全全展現。爲什麼？因爲結束了《自然史月刊》的專欄，出版《演化理論的結構》後，他就因爲癌症過世了，才剛剛過六十歲。

他以畢生之力寫的書《演化理論的結構》，內容當然很豐富，書中的第一章，先交代他自己如何開始研究生物學，接著第二章他就用了六、七十頁，幾乎可以出成一本小書的篇幅，對達爾文的《物種起源》做了註解，那是我自己有限的閱讀當中認爲最棒的、最好的達爾文導覽。所以雖然知道這本書大概不會有出版社願意出中文譯本，雖然知道買這本書要花滿多錢的，我還是忍不住要推薦給大家。

註：這本書早在一九八六年就已經由天下文化翻譯出版，但目前市面上已經售缺。他的另一本著作《達爾文大震撼：課本學不到的生命史》亦由天下文化引進臺灣。古爾德從小就是一個棒球迷，自一九六七年起於哈佛大學任教，在二〇〇二年因肺腺癌去世。

第三章

達爾文以前的物種起源

達爾文的祖父是個了不起的生物學家，
從種種跡象可以看出，
小達爾文受過老達爾文的影響，
他實際是站在他祖父的肩上才得到自己的成就的。
那為什麼他在整理眾人對「物種起源」見解時，
偏偏漏掉自己祖父？

一、達爾文的《物種起源》曾受到哪些人影響

翻開《物種起源》，一開頭是「本書第一版印行前有關物種起源見解的發展」。標題的意思是，達爾文要幫大家整理一下直到他寫書之前，人們都是用什麼樣的眼光在看物種起源這一回事。不過他整理的方法，說老實話，讓人不敢恭維。東一個西一個，一直到提到一八〇一年拉馬克（註）的說法，才真正進入狀況。拉馬克是達爾文認定，最早提出來物種是會變化概念的人。

達爾文這個說法有問題，大有問題。他明顯漏掉了一本書，這一本書比拉馬克早，而且我們有理由相信拉馬克讀過這本書，更有理由相信拉馬克曾經受過這本書的影響。這本書分上下兩冊，分別在一七九四年和一七九六年出版，書名叫做《*Zoonomia*》，Zoo指的是動物的集體，nomia跟name有同樣的字根，加起來就是《動物命名學》，命名必須依照一定的原則，所以內容就牽涉到「動物分類學」。

達爾文顯赫的家族

《動物命名學》這本書裡有著跟拉馬克一八〇一年發表的觀點共同的地方，明白提及了生物會因應所處的生物環境而發生變化。變化的基本型態，就是後來跟拉馬克名字緊密相連的「用進廢退說」。例如說：人類的大拇指怎麼來的？看自己的大拇指根，你會看到人類和猿類的重大差別。我們大拇指往外彎，虎口下面有一塊球狀肌肉。「用進廢退說」的意思是，猿猴只用手來攀援，承受自己的重量，可是人類面對的新環境，卻需要學習用手來抓取東西，經常抓東西，大拇指不斷使用，終於改變了其結構，變得更方便抓東西，抓得更緊更牢。

註：拉馬克（Jean Baptiste Larmarck，一七四四—一八二九）：法國生物學家，著有《動物哲學》（*Philosophie zoologique*），提出「獲得性遺傳」與「用進廢退說」作爲其理論基礎。達爾文曾多次引用其著作。

一七九四年這本書裡面已經有了類似的說法，達爾文竟然完全不提，他是不小心漏掉了嗎？很難讓人相信，因爲這本書的作者，也叫達爾文，但不是查爾斯．達爾文（Charles Darwin），而是伊拉斯謨斯．達爾文（Erasmus Darwin）（註一），伊拉斯謨斯．達爾文是查爾斯．達爾文的祖父。

祖父明明寫了這本重要的書，孫子竟然在列舉重要生物著作時提都不提，嗯，這裡面想必有文章。我們得先介紹一下達爾文的世系、系譜，讓大家先了解他所處那個時代，還有成長的家庭環境與氣氛。達爾文是他們一家的姓，《物種起源》的作者是Charles，他的父親是Robert，祖父是Erasmus。父親這邊是個顯赫的家族，是受人尊敬的英國士紳。達爾文出身於醫生世家，他們一家男人好幾代，雖然住在英格蘭，但都是在蘇格蘭受教育的，都是愛丁堡訓練出來的。包括查爾斯．達爾文。爲什麼？因爲蘇格蘭，尤其是愛丁堡，是當時大不列顛的醫學中心。

達爾文母親那邊的系譜，也很可觀。他媽媽原本在娘家姓Wedgwood。就是大家知道的那個瓷器名牌「瑋緻活（註二）」。瑋緻活的全名是Josiah

Wedgwood，就是達爾文外祖父的名字。約書亞．瑋緻活（Josiah Wedgwood）是一位非常成功的陶瓷匠。他家原本就是陶工，少年時期父親早死，約書亞．瑋緻活只念了兩年學校，就回家幫忙。父親留下的家業主要由他的哥哥繼承，由哥哥決定一切。約書亞受不了，去求哥哥，可不可以讓他的地位提高爲夥伴（Partner），讓他燒自己想燒的陶，他哥哥都不答應。約書亞後來索性不理會他哥哥，跑去跟鄰居合夥，蓋了自己的土窯，開始自己燒陶。顯然，在燒陶上，他獲得了超越哥哥、超越家族傳統的重大突破。

註一：伊拉斯謨斯．達爾文（Erasmus Darwin，一七三一—一八〇二）：英國醫學家、詩人，也是一位植物學家。

註二：瑋緻活創立於一七五九年，迄今年正好滿兩百五十年，它以精緻的骨瓷而聞名，其骨瓷產品添加了百分之五十一的動物骨粉，較一般瓷器更爲堅硬且不易碎裂。創辦人約書亞．瑋緻活出生於一七三〇年，他在一七七五年研發的「浮雕玉石」系列，是瑋緻活的產品中最令人讚賞的材質。

突破怎麼來的？來自於約書亞．瑋緻活比別人多結交了一些特殊的朋友，一些在英國那個時代開始活躍的化學家。約書亞開始和這些化學家來往，從化學家那裡得了很多的知識和靈感。一直到今天，瑋緻活的招牌都還是藍底上面有白色浮雕的。這樣的招牌典故來自在埃及出土的古羅馬陶器。那個陶器出土時，底色看起來是黑色的，經過化學家們的分析研究，證明它原本應該是寶藍色的。這是當時很轟動的新聞。那個古羅馬陶器被放到骨董市場上拍賣，約書亞．瑋緻活也興沖沖去參加。他還沒那麼有錢，標不到這麼貴重的古物，不過他不放棄，找到標到陶壺的人，借到了古壺，然後用他的聰明才智，將化學家說的那種寶藍底色與白浮雕燒出來了，做了一模一樣但顏色鮮麗的復古陶器。一下子獲得英國社會的矚目。

達爾文祖父因為「滿月會」結識了瑋緻活

他雖然只受過兩年的學校教育，可是他的想法與作法，卻和他所處的那個時代與那個時代的精神密切呼應。他懂得交往一般陶工不認識、不接觸的人。一七三〇年出生的約書亞・瑋緻活在三十歲左右，參加了一個叫做Lunar Club的組織。Lunar Club應該翻譯爲「滿月會」，每個月滿月的那一天，這些人就聚在一間小酒館裡高談闊論。爲什麼特別要在滿月時聚會?難道這些人都是狼人，碰到滿月時會變形?沒那麼詭異啦，說穿了是出於很實際的考慮，滿月那天晚上有足夠的光亮，趕馬車或走路回家時才看得見路。

別小看這個「滿月會」，別小看和約書亞・瑋緻活一起在酒館裡高談闊論的這群人。「滿月會」的一個成員，叫做約瑟夫・普里斯特利（Joseph Priestley），高中時化學沒有被當掉的人，應該都知道這個人。普里斯特利對於固體化學，物質固態的分子結構研究做出極大貢獻。固態化學，嗯，這樣我們就了解爲何瑋緻活一定要去參加「滿月會」了，不是嗎?約瑟夫・普里斯特利還有一個好朋友，名字叫做詹姆斯・瓦特（James Watt），沒錯，就是那個發明蒸氣機的瓦特。

「滿月會」的核心人物之一，是威廉．史莫（William Small）。他又是誰？威廉．史莫是英國人，後來在英國混得不好，索性就跑到美洲殖民地去教書。他在Virginia的Mary College教書，教出了一個後來很有名的學生，這個學生叫做湯瑪斯．傑克森（Thomas Jackson），是美國的開國元勳，即後來也當過美國總統的湯瑪斯．傑佛遜（Thomas Jefferson）的死對頭。在美國教過書後，威廉．史莫又回到英國的時候，就結交了派駐在英國的美國代表，那個人是班傑明．富蘭克林（Benjamin Franklin）。再透過富蘭克林的介紹，威廉．史莫認識了另一個叫做馬修．博爾頓（Matthew Boulton）的人，史莫和博爾頓正是合力將「滿月會」組織起來的主角。

馬修．博爾頓自己是一位成功的工業家，他組的「滿月會」特別邀請了一位已經列名英國皇家科學院會員，在附近以頭腦靈光、常有特別想法著名的醫生、發明家來參加，那個人就是伊拉斯謨斯．達爾文。所以約書亞．瑋緻活與伊拉斯謨斯．達爾文兩人就是因爲「滿月會」而有了密切來往。那時候他們的小孩還小，達爾文的爸爸十三歲、達爾文的媽媽十一歲時，兩人就認識了。

伊拉斯謨斯．達爾文在「滿月會」裡很活躍。他是位醫術相當高明的醫生，名氣響亮，也賺了很多錢，在醫生職業上沒碰到什麼困難，也就有閒工夫發展出眾多廣泛興趣。他經常有些稀奇古怪的念頭，做一大堆稀奇古怪的發明實驗。例如說他的一項重要發明，是裝在馬車上的避震器。他發明的避震器，當然裝在自己馬車上，讓他出診去住遠一點的病人家，搭馬車趕路時，不至於覺得骨頭都快要散掉。老達爾文還有一項重要功績，他很可能是打破傳統想法，主張指出水不是單一元素，並且試圖予以證明的第一人。他的化學實驗技術沒有好到能證明水不是單一元素，然而這無礙於他認定水的複雜性。他還多次跟那個後來靠將水煮沸成蒸氣製造動能賺了大錢，而且在歷史上留名的詹姆斯．瓦特，一起討論過水到底是不是元素的問題。

達爾文的祖父和外祖父，都是他們那個時代裡不尋常的人。跟一般人不同的是，他們對宗教抱持高度懷疑的態度；也跟一般英國人不同的是，他們是支持美洲殖民地獨立革命的。伊拉斯謨斯·達爾文跟約書亞·瑋緻活兩個人還一起幹過一件轟轟烈烈的事。約書亞·瑋緻活的陶瓷事業愈做愈大，他找了一位行銷天才賓利（Bentley）來當合夥人。賓利最擅長的本事是跟王公貴族來往，他在倫敦發揮他的個人魅力，推銷瑋緻活的瓷器。就他爭取到的訂單來源，遍及歐洲貴族階層，大大擴張了瑋緻活的市場。就連遠在俄羅斯的凱薩琳女王都成爲瑋緻活的大客戶，凱薩琳女王下過一張包括一千九百件餐具的大訂單，轟動一時。大家都知道俄羅斯女王在英國的一家瓷器店下了一張別人不敢接、接不下來的訂單，而且訂單後來還能夠準時順利交貨。在賓利的努力下，生意大到瑋緻活原有的工廠不夠用了，必須另外再蓋一座工廠。

蓋工廠不難，麻煩在原料和成品的運輸。原料陶土先要從伯明罕的港口上岸，轉運到原本的舊工廠，卸下一部分，再運到第二家工廠。更難的是製好的瓷器也要運出來。前面提過，當時陸地上跑的馬車，只有伊拉斯謨斯．達爾文坐的那一輛裝了他自己發明的避震器。馬車在顛簸泥路上，載運一堆要送進王公貴族家在華麗宴會上使用的瑋緻活精細瓷器，那多恐怖？如果你是瑋緻活想到這種情況，不會頭皮發麻嗎？

為了運送瓷器開挖運河，成就物種變化的研究

怎麼解決這個大問題？關鍵在於使用水運。瑋緻活開始做一個大夢想，他要開一條運河，聯絡新舊兩座工廠，然後再一路通到伯明罕去。算他運氣好，他把這個大夢告訴了長袖善舞的伊拉斯謨斯．達爾文。透過伊拉斯謨斯．達爾文動用各種關係的協助，前後花了十年時間，運河眞的被他們開出來了，這條運河到今天都還留著。他們鑿了一條運河，這條運河全長一百四十哩，興建的難度滿高的，因爲運河必須切過高地地形，全程中運河最高點和最低點間的落差達四百呎。

開鑿運河最重要的工作，就是——把土挖出來，一層一層地挖出來。

伊拉斯謨斯・達爾文參與這項工程，本來只是為了幫助他的好友，後來變成親家的瑋緻活。然而隨著開鑿運河的過程中，他對工程愈來愈感興趣，經常去工地，就在工地看到挖出來大量的土。運河一層一層的挖、一層一層的挖，結果可以說挖出了最棒的天然地質學與化學教室。一層一層的土由不同土壤構成，裡面還會有各種不同的化石。

伊拉斯謨斯・達爾文每天到工地去，檢查挖出來的化石，然後做詳細記錄，再試著將那些化石保留的動植物一一歸類。他在一七九四年出版的書，絕大部分資料就是來自他開運河時蒐集的地質與化學資料。如果沒有開運河，伊拉斯謨斯・達爾文恐怕不可能有機會整理這些東西，也很難靠這些眾多的一手資料形成他對於古動物學的理解。整理完這些資料後，他就得到了一個基本的結論——物種是會變化的，而且，他還強調物種的變化是會遺傳的。

在查爾斯・達爾文發表演化論觀念之前，對於物種變化的討論，主要就是拉馬克的說法：假如我是一個在埃及參與蓋金字塔的苦力，因為工作環境的需要，我會變得虎背熊腰，我的身體結構產生變化了，變得跟我的爸爸非常的不同。相較之下，我的爸爸看起來可能又瘦又小。拉馬克相信這就是造成物種變化最重要的動力。你因爲天天搬石頭，身體變得虎背熊腰，於是你生出的兒子，就跟你一樣虎背熊腰，不會像你的爸爸那樣又瘦又小。這就是物種變化。然後你的兒子還會以從你這裡承襲的虎背熊腰爲基礎，再繼續變化。

二、被誤解的拉馬克

商務版《物種起源》中文譯本中，王道還寫的導讀中特別替拉馬克申冤。的確，拉馬克滿倒楣的。第一、現在講起拉馬克，就一定提到「用進廢退說」，然而「用進廢退說」並不是拉馬克所有的想法，甚至不是他提出的突破性想法當中最重要的部分。今天的生物課本裡，講到演化學，都把拉馬克當成錯誤示範，是被達爾文推翻的「用進廢退說」的主張者。事實上，拉馬克不只主張「用進廢退說」。

第二、閱讀《物種起源》前三章，我們清楚看到達爾文是很尊敬拉馬克的，將他視爲先行的前輩。達爾文沒有推翻「用進廢退說」，還有，達爾文當然沒有爲了推翻拉馬克的「用進廢退說」，而去剪老鼠的尾巴。應該有人聽過或讀過，說達爾文養了一代又一代的老鼠，將每一隻老鼠的尾巴都剪掉，老鼠沒了尾巴還怎麼用尾巴？可是很多很多代之後，老鼠的尾巴卻還在，這就證明「廢而不退」，不用的器官並沒有退化。歷史上是眞的有人做過這樣的實驗，可是做實驗的絕對不是達爾文，而且實驗的目的，還是爲了拿來質疑、批判達爾文的！

我們前面提過，達爾文特別重視生物身上看起來沒用的東西。貓熊身上爲什麼會有完全沒有用的大拇指？達爾文的理論認爲，那是因爲它曾經有用，因爲發生了變化，所以現在沒有用了。老鼠的尾巴也是看起來沒有用的東西。所以按照達爾文的理論，老鼠的尾巴在過去的環境裡曾經有用。或許可以捲樹枝，或許可以幫忙老鼠爬樹幹保持平衡什麼的。那如果現在將老鼠的尾巴剪掉，沒有尾巴的老鼠在演化上面，應該比留了累贅尾巴的老鼠要來得具有生存競爭上的優勢才對。我們應該會看到沒有尾巴的老鼠慢慢變成主流正宗，有尾巴的老鼠逐漸消失。試驗把老鼠尾巴剪掉，是爲了反駁達爾文的。

自然中的生存競爭——天擇

原本要批評達爾文的——當達爾文地位不斷提高，成了宗師成了大師之後——這麼一件事就被移花接木了，變成是達爾文用來反駁拉馬克的！事實上，達爾文從沒有對拉馬克採取那麼明確的論敵立場，達爾文是在拉馬克的主張上，多加了一種更強大更重要的因素影響了物種變化，那就是自然中的生存競爭——天擇（natural selection）（註）。

天擇指的是，如果某個個體具備特別的能力、特別的本事，它可以在與別的個體共存的環境中活得比較好，就可以繁衍出比較多的子孫，於是物種中具備有那種能力、本事的個體就增加了，增加到一定程度，這些個體壟斷了生存空間，於是就等於整個物種都改變了，變成擁有這種能力、本事的物種。

長頸鹿的脖子爲什麼變長？因爲有一隻鹿爲了吃比較高處的葉子，就一直努力拉長牠的脖子，脖子愈變愈長，然後就遺傳給牠生的後代？拉馬克相信這是主要的變化原因，達爾文沒有說這種事一定不會發生，但他說不只是這樣。更重要的，是有一隻鹿不曉得爲了什麼，脖子變長了，於是牠就能吃到別的鹿吃不到的更高處樹葉，不用跟別的鹿搶較低處的樹葉，牠就不怕挨餓，可以長得比較壯，就能搶得交配的機會，就能生出同樣擁有長脖子的小鹿，長脖子的鹿有優勢，愈生愈多，最後導致整個物種都成了長脖子的。

達爾文的祖父，老達爾文在《動物命名學》書中已經提出來物種是會變化的，只是他理解物種變化的方式比較接近拉馬克。達爾文沒有道理沒看過祖父的書，不可能沒受到祖父的影響。他受到祖父的影響不只這一端。到今天，我們慣用的動植物分類學是「林奈分類法」。林奈的「分類學」是用什麼文字寫成的？他用的是拉丁文。所以今天我們用的動植物分類學名，都還是拉丁文。不只是物種分類的學名用拉丁文，事實上林奈的論文從頭到尾都是用拉丁文寫的，因爲拉丁文是那個時代學術的共通語言。

誰將林奈的分類法論文，尤其是他建立分類法架構最重要的論文翻譯成英文的？去查史料，最早的英文翻譯本的譯者不是一個人，是一個組織，「李奇菲爾德植物學會」。李奇菲爾德（Litchfield）是地名，就是達爾文的家鄉。「李奇菲爾德植物學會」的會長是誰？就是伊拉斯謨斯．達爾文。林奈的論文，百分之八十是老達爾文翻譯出來的，老達爾文是讓林

註：達爾文的 Natural Selection 一詞在臺灣商務版的《物種起源》譯本中譯爲「自然選擇」，此即日常口語中所說的「天擇」，本書將二詞交替使用，但所指均爲達爾文的 Natural Selection 概念。

奈「分類學」進入英國的關鍵人物。

將植物物種入詩的生物學家

伊拉斯謨斯．達爾文不只是查爾斯．達爾文的祖父，意思是他自己有在歷史上留下名字的重要成就。在生物史上，他的名字被孫子徹底掩蓋了，不過，在文學史上他仍然有其地位。今天西方學術界最有可能接觸伊拉斯謨斯．達爾文這個名字的，是研究浪漫時代詩（Romantic Poetry）與詩人的學者。英國浪漫主義起源自幾位重要的詩人，尤其重要的有華滋華斯（Wordsworth）和柯立芝（Coleridge）。這兩位好朋友一起寫詩，寫出來的詩不署名，不必去分到底是誰寫的，親密到這種程度。浪漫主義最重要的特色之一，是人與大自然間的關係。浪漫主義（Romanticism）的浪漫因素來自人與自然之間一種難以描述，卻又如此清楚關聯的感情。這關聯、感情擴大了人的生活、擴大了人的生命，創造出新的感官感受，創造出新的美學。許多史料證據顯示，華滋華斯和柯立芝對於自然的靈感主要來自他們那個時代的一本暢銷書，一本分成上下兩冊的詩集。這上下兩冊分得很奇怪，下冊在上冊前面出版。詩集的全名叫做《植物園》（*Botanical Garden*），作者是伊拉斯謨斯・達爾文。

一七八七年比較晚出版的上冊，書名是《*The Economy of Vegetation*》，字面上的意思是「植物生長的經濟」，不過比較準確的中文應該是「植物生長的奧妙」。十八世紀末英國人講Economy，跟我們今天的意思不一樣。今天Economy指的是經濟或經濟學，那個時代講Economy指的卻是：在這一件事情上，是不是有什麼最有效率、最有意義的方式，那就是Economy。這種用法一直留到十九世紀末，佛洛伊德都還用。早期佛洛伊德作品中經常出現Human Psychic Economy，照字面翻成「人類神經的經濟學」或「人體神經的經濟」，沒人知道那是什麼東西。如果我們將The Economy of Vegetation翻譯做「植物生長的奧祕」，那我們就可以類比將佛洛伊德的重點理解成「人類神經的奧祕」。什麼樣的奧祕？人類的神經系統，人類的心理系統是有限的，可是神經系統要應對的外在訊息刺激，卻近乎無限多。怎麼以有限精神資源，去處理近乎無限的外在刺激？這個選擇、程序，就是psychic economy。

《植物園》在一七八三年先出版的下冊，則命名為《*The Love of Plants*》，這翻譯起來簡單多了，就是《植物之愛》。這本詩集有什麼特色？從頭到尾是以雙行體——每一段都是兩行一路排比寫成的。其內容簡直像是一本植物學的百科全書，以所有在英國經常可見的植物入詩，寫它們的形狀，寫它們的氣味，寫它們跟人之間的關係。為什麼伊拉斯謨斯·達爾文會寫出這樣的書，而且書還那麼受歡迎呢？因為晚年時，他是個狂熱的園藝家，他經營自己的花園，並且進行各式各樣植物栽種上的實驗。

講到這邊，你應該會對孫子小達爾文的態度更加覺得不可思議。《物種起源》開頭幾章，尤其第一章中，用了多少關於植物接枝、植物繁衍的知識，雖然他來不及見到祖父，但這些知識真的跟他祖父一點關係都沒有嗎？很難令人相信吧！這不太可能完全是巧合，當然小達爾文受過老達爾文的影響，但他刻意不提起他祖父。達爾文改變了世界的書叫做《物種起源》（*The Origin of Species*）；而伊拉斯謨斯・達爾文花了很長時間夢想、計畫要寫，後來沒有寫出來的書，叫做《*The Origin of Society*》。這本書討論的是「社會的起源」嗎？不是。老達爾文講的Society不是我們人的社會，他關心的是「群體」的起源。爲什麼會有「群體」？中晚年的伊拉斯謨斯・達爾文是位生物學家，尤其是位植物學家，他大概也沒那麼大的興趣去研究你我的社會，讓他念茲在茲那麼想寫的書，如果眞的寫成了，那應該會是一本關於動物界與植物界的群體如何形成的書。

綜合這些資料，我們有理由相信，身爲孫子的小達爾文恐怕偷用了祖父在《*The Origin of Society*》草稿裡面寫下的想法，至少援用了草稿中的基本問題點，不然這本書不會那麼巧就叫《*The Origin of Species*》。達爾文曾有另外一本沒那麼知名的著作，四十幾歲時出版的，叫做《變種筆記》（*Notes On Transmutation*）。《變種筆記》第一章的標題是**Zoonomia**，我們前面看過這個字了，這不是一個通用的英文字，是伊拉斯謨斯・達爾文把兩個拉丁字拼在一起發明出來的字。

查爾斯・達爾文生長在這樣的家庭，他實際是站在他祖父的肩上才得到自己的成就的。那爲什麼他在整理眾人對「物種起源」見解時，偏偏漏掉自己祖父？這是個有趣而且重要的問題，後面還會回來繼續追索。

第四章

圍繞創造論而生的《物種起源》

如果只有這麼大的空間，只有這麼多的食物，
在有限條件下，你能活下去，我就活不下去。
這是個體跟個體之間的競爭，
生物跟生物之間的競爭。
那不是生物跟環境之間的關係，
而是生物跟其他生物競爭這個環境所提供的資源，
這是最重要的關係。

一、上帝創造一切

「本書第一版刊行前有關物種起源的見解發展史略」的內容中，還有另外一個嚴重的問題。宣稱要將關於「物種起源」過往見解進行整理的這篇文章，竟然隻字不提「創造論」！這反映了達爾文的論證策略，他要堆砌自己掌握的眾多論證，先將你引導去他要你想的方向，不要去想別的。那被他隱藏起來的「別的」，就是「創造論」。他沒提，但我們在讀他的書時，卻必須記得：「創造論」其實一直在他心中。他寫每一段每一節每一章，心底都有「創造論」在。

一七九四年對於物種的看法

跟老達爾文同時代，有一位叫威廉·佩利（註）的神父，在一七九四年，出版了《基督教的證據》（*Evidences of Christianity*）。這是一本生物學研究的書，然而，研究生物學爲什麼會變成是「基督教的證據」？這本書的重要性在於突破了過去「創造論」的局限，這本書注意到物種間存在著微妙的區別。以前的「創造論」大概念底下，既然所有東西都是上帝所創造的，那麼我們唯一能做、要做的，就是接受上帝所創造的。可是慢慢地，像是物理學上的發現，逼著即使是深信上帝意志的人，都不能不開始研究世俗的物質世界，張開眼睛一看，看到一件無可否認的事實——上帝所創造的世界還眞複雜。

我們生活周遭看到的東西，極大、極多、而且極細微。創造論者轉而從中找到上帝存在的新證據、基督教的證據。你看看：每個物種——不論是什麼樣的動物、什麼樣的植物——具備什麼條件，就會活在什麼樣的環境裡面，配合得天衣無縫。耐水的植物就只長在水邊；會游泳的動物就活在水裡；有的成了魚，有的沒那麼會游泳，但是牠可以跑上岸來躲開天

註：威廉・佩利（William Paley，一七四三—一八〇五）：英國神學家與哲學家。

敵，成了青蛙。從創造論者的眼光中，看到的是：如果沒有上帝，怎麼可能每一個物種都剛剛好跟它的環境有這麼棒的配合？

我們不能因爲後來他們的論點被推翻了，就小看創造論者，以爲他們都是笨蛋。他們也有比較細膩、很具說服力的說法，例如當時他們的一個觀點，就刺激了達爾文寫出《物種起源》的第四章。第四章主要就是針對創造論者的說法談繁殖。創造論者說：你去看，每一個物種的繁殖方式與策略，都如此的完美。爲什麼魚一次要生這麼多，幾萬幾十萬顆卵？因爲這麼多的卵最終只有幾顆能夠孵化成爲魚。爲什麼人一胎只生一個？因爲我們是特別高等的動物，我們的父母特別用心，所以不需要這麼多小孩。這裡面有一種自然平衡，這裡面有一種美。什麼樣的環境底下，你應該要長什麼樣，你就眞的長那個樣子，完全不可能用別的方式生殖。從此處推演，要是沒有上帝，這個世界應該亂七八糟、一塌糊塗，哪有可能像是眼前呈現的整體世界平衡（whole world balance），水生植物絕對不會長到五百公尺的山上來，狗也不會跑到水下去生產，全如預期的完美世界，必定出於上帝的安排、上帝的設計。

在此之前，牛頓發現的「力學原理」也曾被拿來建構一種新的神學——「鐘錶匠神學」。上帝像是一個再了不起不過的鐘錶匠，祂造了一個我們或許能夠理解，卻絕對無法複製的，最棒、最精細的鐘錶。看到這麼精細精密運作的鐘錶，我們必須要相信有一個造鐘錶的人，不然鐘錶怎麼自己跑出來？所以我們必須相信有上帝的存在。現在生物的狀態，尤其是生物跟環境之間的關係也被拿來當作是上帝存在的論證，如果沒有上帝，世界不可能長這個樣子。這是《基督教的證據》書中主要講的內容。

讀《物種起源》，我們心中得一直放著「創造論」作爲背景。很多時候，達爾文選擇如何寫這本書，先說什麼後講什麼，什麼多說什麼不說，都跟他想要打倒「創造論」這個敵人有著密切關係。

人可以改變物種

讀第一章時，讓我們想想：爲什麼先講鴿子，爲什麼是家裡養的鴿子，以及其他養殖的動物呢？回到那個時代的「創造論」背景。像威廉·佩利，他們要仿襲之前應用物理學新發現的例子，轉而將生物學知識拿來證明上帝存在。達爾文很聰明，他一眼就看出物理學與生物學的上帝論證，存在著巨大差異。創造論者利用物理學，主張上帝造了一個非常精細的宇宙，宇宙按照規律分毫不差地一直運行，如果沒有上帝，宇宙不可能如此精確運行。現在他們想同樣利用、對付生物學，他們說：生物彼此之間形成的關係，也是如此美麗、如此平衡，所以一定有上帝才設計、創造得出這樣的生物狀態。

達爾文一眼看出這套論證當中的關鍵漏洞：生物世界跟物理世界最大的不同在於人的角色、人的作用。人對於物理世界，在物理秩序之前，絲毫沒有改變的能力。這正是牛頓發現的、確證的。你有辦法改變地心引力嗎？你有辦法改變地球的軌道嗎？你有辦法改變天體的運行嗎？統統不可能。所以物理規則才那麼嚴謹。

但生物世界也是如此嗎？爲什麼先講家鴿？爲什麼先講人養的動物？那是被人力改變的生物狀態、生物現象。達爾文的個性不喜歡挑明跟人家衝突，然而實際上他的論證策略很尖銳。他在質疑創造論者那些人：如果世界眞像你們說的那樣由上帝所創造，它是如此平衡、完美，那麼這樣的世界被人介入、改變了，該怎麼理解，又意謂著什麼？大家都見過各式各樣的鴿子，達爾文就仔細論證，說明所有不同的鴿子其實都源自於同一種鴿子。換句話說，如果自然是上帝的設計，那麼依照上帝的設計，祂只創造了一種鴿子。可是人竟然變成了上帝的助手，甚或是上帝的破壞者，將上帝所造的一種鴿子改造成爲書裡面描述的各式各樣奇物的物種。看了鴿子的例子，我們還能相信物種都是上帝創造的嗎？

*人可以改變生物。這點跟物理現象，天差地別。*接著達爾文還清楚地告訴讀者，所有這些長尾巴、有各式各樣奇怪特色的鴿子，憑什麼出現？

憑藉的是飼養者的經驗。依照佩利神父的觀念，任何一隻鴿子之所以長那個樣子，是因爲牠的環境要求，因爲跟環境間的完美搭配。達爾文卻在書裡面顯示：人類養出來的鴿子不見得都是按照鴿子生存需要的。甚至經常反而讓鴿子變得對環境適應不良，換句話說，人類可以強迫將上帝所創造的東西變成不適應於這個世界。從這個角度看，上帝還有這麼大的權威嗎？

爲什麼要花那麼多篇幅講鴿子？達爾文就是要逼問每一位讀過佩利等創造論者的書的人：「你看過鴿子沒有？鴿子這樣、鴿子那樣，不是自然的，而是人養的，是被人動手腳的。」人可以改變物種，你能不承認嗎？

達爾文的時代，比較細膩的遺傳學知識還沒有充分發展，要到孟德爾(註)才清清楚楚解釋爲什麼一代又一代的遺傳上，有時候親代如此相像，有時卻又如此相異。那不是神力介入的結果，而是生殖過程中自然造成的。孟德爾的遺傳學最重要就是建立了一個非常清楚的二元架構。每一個後代個體，是由前代個體特性分裂成爲而來的。一半來自一邊，兩半再合在一起。孟德爾還有另外一項重大發現，是確立了遺傳當中的「遺傳型」與「表現型」差異。

你眼珠的顏色，跟其他身體特性一樣，一半來自你爸爸，另一半來自你媽媽。可是我們沒有任何一個人一隻眼睛黑色，另一隻眼睛藍色。遺傳不是這樣運作的，遺傳因子架構成爲一種遺傳型，可是這個遺傳型中卻只有一個顯性因子會表現出來。這一套遺傳模式，達爾文還不知道。他沒有眞正搞清楚，爲什麼一隻長著特別尾巴的鴿子，跟其他鴿子交配，生下的後代有的有特別尾巴，有的卻沒有。不過，達爾文敏銳地注意到一件事，從混亂的配種中，他注意到一個物種可以衍發出許多變化。

註：孟德爾（Gregor Johann Mendel，一八二二—一八八四）：奧地利遺傳學家。他自一八五六年起開始進行豌豆雜交實驗，並於一八六五年發表了他的研究成果，他發現了基因的分離與自由組合定律，後人稱爲孟德爾定律。但此定律在當時未受到重視，直到一九〇〇年才被證實，並被視爲近代遺傳學的基礎。

達爾文藉由書中第一章、第二章累積的大量變化資料，建構了清楚的論證——生物可以被變化的，而生物的變化從哪裡來？來自於環境。請大家注意一下，當講到環境或生物環境時，達爾文的意思是什麼。什麼叫做生物環境？依照達爾文的理念，並不是所有的環境都是生物環境，生物環境指的是會影響生存而逼迫造成生物變化的種種條件。講完鴿子之後，他已經告訴那些創造論者：如果你們還要堅持物種是上帝創造的，那麼就必須承認上帝所創造的可以被改變，而且是輕易就被像養鴿子的那種人改變了。

物種是上帝或者人創造出來的？

那麼，如果物種不是上帝創造的，物種及物種的變化，又是如何造成的？

繼續往下讀《物種起源》，會看到接下來的幾章中，達爾文對於「分類學」的許多解釋。林奈「分類學」層層劃分界、門、綱、目、科、屬、種，最小的單位就是「種」，而「種」的定義就是在自然環境下可以交配產生後代的，稱之爲Species。在第二章裡，達爾文從「種」講到「屬」然後講「變種」，得到了一個結論：「變種無法和物種區分」。這又是對著上帝創造論說的話。

上帝創造這個世界，上帝創造物種，《聖經》裡沒有仔細描述上帝創造的方法與過程。然而一般人的想像中，不可能認爲上帝一一創造了從開天闢地以來活過的每一隻動物吧？如果眼前有一隻老鼠走過，我們會想：啊，上帝剛剛創造了這隻老鼠？不會吧！上帝創造什麼？《聖經》〈創世紀〉說：上帝看看，覺得亞當一人獨居不太好，於是趁他睡覺時，抽了他一根肋骨，造一個夏娃給亞當作伴。〈創世紀〉還有另外一個重要的插曲——諾亞方舟的故事。上帝覺得造錯了這個世界，想毀掉既有的世界，從頭來過，所以降下了四十天的大洪水，可是卻讓諾亞造了巨大的方舟，在上面保留了各種動物，每一個物種留了一隻公的，和一隻母的。相信

《聖經》，那麼我們今天的世界，是諾亞方舟幫忙保留下來，才能夠發展成的，那麼我們也就都知道、而且應該確認上帝所造的是什麼。

上帝造的，不是動植物的個體，而是物種。達爾文繼續在與相信《聖經》、相信創造論的人爭辯，他特別多講「分類學」裡的「種」，他的論點是：上帝創造的是物種，那麼物種的繁衍，從亞當以下，從諾亞以下，應該是清清楚楚的。可是我們卻到處看到「變種」。每一個物種都產生「變種」，或者應該說：變種介於不同物種之間，讓人無法明白劃歸這一「種」或那一「種」。還有，變種常常會發展成新的種，牠什麼時候是變種，什麼時候成了新種，也很難判定。如果變種跟物種都沒辦法明確判定，那麼這個世界上到底有多少物種，也就沒有人知道了。

達爾文再問創造論者：那上帝到底造了一個什麼樣的世界？你們說的：世界是由上帝設計的，他設計了一定數量的物種，然後這個世界就運作運行。然而今天我們看到的世界，到底有多少物種我們都搞不清楚，不是我們智力不足所以搞不清楚，而是不斷出現的各式各樣變種讓我們算不清楚。達爾文要伸張的意見是：「分類學」中的「種」，不是創造論者想像的，上帝所創造的不會變、不能變的東西，它只是我們用來整理所看到的現象時，方便使用的概念而已。創造論者把物種視爲是上帝創造世界的證據，達爾文卻將之還原爲人的創造，這是他談物種的主要目的。

然後，他繼續講「屬」（Genus），尤其是講「大屬」。「屬」在「種」的上一層，達爾文說，在「屬」的層級，一個愈大的「屬」，我們就可以猜得到它裡面有愈多的變種。爲什麼？第一個理由：物種不斷會有一點一點的細微改變，從養鴿子得到的經驗顯示，有愈多個體跟個體之間的交配、繁衍，就會產生愈多的變種。所以一個「大屬」中，任何微小的變化都在眾多個體互動中，獲得被累積、被放大的機會。剛開始可能只是一根指頭稍微長一點，在一個「小屬」中以其頻率，或許三天五天，這種指頭長一點的個體才有機會繁衍一次；然而，在一個龐雜的「大屬」裡，個體數量大，指頭長的特性就會有更多機會經常被複製。

雖然達爾文沒有用機率的概念，但我們可以用機率來理解他的說法。

依照「遺傳學」原理，生物個體上出現的變種，有二分之一的機會傳給下一代的任何單一個體，再繁衍到下一代的每一個個體，機率是四分之一。要讓手指頭變長的特性，變得顯著，進而到達變種的地位，需要什麼？需要的是很大的量，在同樣機率下，出現的可能性增加，就容易「從量變到質變」。

二、生存競爭

「大屬」還牽涉到「生存競爭」。達爾文相信：會有「大屬」出現，前提是有了一個優勢物種，靠其優勢擠壓別的個體，靠其優勢讓自己的物種擴張，於是它所在的「屬」才隨而變大。所以看到一個「大屬」，我們就可以預期這一個「屬」的動物，在環境中是優勢物種，牠能夠繁衍更多的子孫。在繁衍更多子孫的情況之下，變種的機率也就愈高。

《物種起源》第三章正式談到「生存競爭」。什麼因素使得達爾文特別注意到生物個體與個體間、物種與物種間的「生存競爭」？不可忽略的是馬爾薩斯（註）《人口論》的影響。馬爾薩斯《人口論》今天讀來，似乎卑之無甚高論，不過就是要告訴我們：如果沒有其他力量介入，人類的繁衍是以等比級數增加的。一對夫妻生四個小孩，這四個小孩結了婚，每一對夫妻又都有四個小孩，這樣每一代的人口，就會以二的倍數不斷成長。這就是馬爾薩斯的人口概念。馬爾薩斯相應地還解釋了物質，或者說食物的成長，頂多以等差級數增加。人口照等比級數增加，食物頂多以等差級數增加，那會發生什麼事？食物不夠，那麼自然出現抑制人口繼續增加的災難。

很簡單也很容易理解的推論，為什麼要等到馬爾薩斯才提出來呢？因

註：馬爾薩斯（Thomas Robert Malthus，一七六六—一八三四）：英國人口學家和政治經濟學家，於一七九八年發表《人口論》，提出人口成長將超過食物供應的預言，對達爾文的理論產生很大的影響。

爲第一，以前的人數學不夠好，不能用等比、等差概念來清楚說明。第二，十八世紀前西方歷史上碰到人口缺乏問題的時候，遠比感受人口過多威脅的時候多得多。

他們認知的人類命運中，充滿了戰爭、饑荒，絕大部分時候，人口不足以將土地占滿。一直到十八、十九世紀，接連一些重大變化，讓人開始警覺原來世界很擁擠，才意識到這個問題。

馬爾薩斯提出的概念啓發了達爾文。人與糧食的關係如此，動物及其生存條件間的關係又何嘗不是這樣？每一種動物，如果沒有被阻止的話，會按照等比級數一直增加。可是爲什麼我們活著、看到的世界，沒有任何一種動物眞的是以等比級數的方式在增加？

答案，至少部分的答案是「競爭」。每一個生物個體要活下來，沒有像馬爾薩斯講的那麼容易。它們必須通過競爭，才能夠存活下來。馬爾薩斯《人口論》裡預測的現象爲什麼沒有出現？因爲絕大部分的物種個體在生存競爭過程中被消滅了，沒有活下來。「生存競爭」是絕大的力量。

同類之間的生存競爭

達爾文先告訴讀者「生存競爭」是絕大的力量，接下來解釋什麼是「生存競爭」。「生存競爭」不是跟自然競爭。達爾文解釋只有在極端的情況下，物種要跟大自然的條件競爭。例如在極地。南極、北極或者是沙漠的邊緣和高山峰頂，在那裡，資源少到任何一個單一個體要活下去都很困難。其他絕大多數的自然環境中，單一生物個體，要活下去並不困難。換句話說，自然不會是它「生存競爭」的對象。

什麼才是它「生存競爭」的對象？其他的生物個體是它「生存競爭」的對象，如果只有這麼大的空間，只有這麼多的食物，在有限的條件下，你能活下去，我就活不下去。這是個體與個體之間的競爭，生物與生物之間的競爭。那不是生物與環境之間的關係，而是生物與其他生物競爭這個環境所提供的資源，這是最重要的關係。

這是第一個關鍵。達爾文再進一步問：生物跟其他生物之間的競爭中，最激烈的競爭又在哪裡？我們或許會想像一隻鹿的「生存競爭」中，最大的威脅是老虎，對嗎？不對。一隻鹿最大的「生存競爭」對象，不是老虎，而是同類的其他隻鹿。達爾文的論理清楚明白：同類的個體具備同樣的生存條件。要了解這個概念一點都不難，大家一定聽過一個笑話。兩個人在森林裡，走一走，突然發現有熊來了。其中一個人趕快把球鞋換上，他的朋友覺得奇怪，問他：「你覺得你可以跑得比熊快嗎？」「不，我只要跑得比你快就好了。」

這就是眞正的「生存競爭」。這個人要活下去，不是跟熊競爭，只要有另一個人被熊吃掉了，他就能活下去。同類之間的「生存競爭」才是所有「生存競爭」裡面最激烈、最可怕的。

達爾文的這個說法運用在人類身上，就產生了十九、二十世紀影響深遠的「社會達爾文主義」。「社會達爾文主義」基本上是奠基在《物種起源》第三章的基礎上發展起來的，也就是強調生物與生物的關係裡，決定性的是同類間的競爭。「社會達爾文主義者」認爲達爾文證明了：應該讓那些在社會裡活不下去的人，讓那些社會裡劣等的人淘汰、忽略，送進水溝裡，這就是大自然的意志，是大自然的規律。

後來尼采發展「超人」觀念，很大一部分也是站在《物種起源》第三章的基礎上。這一章的重要性我們無法輕忽。

進入第四章之後，達爾文集中處理同類間的「生存競爭」。這種競爭有很多不同形式。第四章先講性跟性別、繁殖，因爲包括繁殖都是要競爭的。天擇是什麼?天擇就是一個物種中，只有條件最好的，只有最棒的，「生存競爭」優勢最高的，才能存活下來，才能繁衍較多的後裔。其他比較弱的，就都被淘汰了，這是自然的道理。

物種起源整本書只為了證明一句話

讀達爾文的書要有耐心。達爾文寫書寫到後面，在文章中藏了一句話，他說：其實《物種起源》全書是一個長論證（long argument），換句話說，一整本書只在論證一件事情。歷來閱讀達爾文的人，愈聰明的人就愈在意這句話，因爲他們想要破解，這個論證（argument）究竟是什麼？古爾德認爲，達爾文的長論證是建構一個歷史方法論。還有其他許多聰明人提出很多不同的答案。但老實說，大部分時候聰明人的答案都太聰明了，因而不一定比笨人的讀法、答案好。一個比較笨的讀者，看到「長論證」這句話，不會覺得有什麼特別的，輕易就看過去了。因爲他認爲達爾文的「長論證」是什麼，還不清楚明白嗎？書名副標不就說了嗎：the origin of species by natural selection，整本書不就在證明這句話嗎？

沒錯。但是我們還是不能不注意，那爲什麼許多聰明的人不接受這個簡單的答案，硬要覺得這句話應該別有玄機？愈是聰明的人，愈會在閱讀達爾文時心生疑惑：如果眞的要解釋 the origin of species by natural selection，需要寫那麼長，需要在書中提供那麼多內容嗎？

《物種起源》這本書很厚，而在書的〈序言〉中，達爾文還說，在他眼裡這不是一本完整的書，這是一本他還沒有寫出來的書的摘要。從第一章起，他就多次說，這個我應該要寫，可是現在沒時間完整地寫，只能告訴大家比較簡單的綱要。一整本書都只是一份摘要！

換句話說，依照達爾文自己的方法，或許得寫十五本都這麼厚的書，才能眞正完成那個「長論證」。聰明的讀者於是懷疑了：就只是要說the origin of species by natural selection得費那麼大力氣，不會吧？他們總覺得要找到更大一點的東西，來作爲達爾文心中設想的「長論證」。

我是一個學歷史而不是學生物的人，而且我是個對十九世紀歷史著迷的人，對十九世紀我自信有一點點的理解。回到十九世紀的思想環境，我認爲還是那個直接、愚笨一點的讀法是對的。眞正該問的，不是達爾文藏著什麼更龐大更偉大的論證野心，而是：爲什麼達爾文選擇了如此囉嗦的風格進行他的論證？

達爾文怎麼那麼囉唆？囉唆是他的策略，因爲他當時試圖說服的，不是我們這樣的讀者，他會碰到的讀者，絕大部分都是相信「創造論」的人。要讓一個相信自己是中國人的人，轉而相信他是個臺灣人；或者倒過來，讓原來相信自己是一個臺灣人的人，轉而相信他是個中國人，想想我們生活周遭這種例子，你會明白，當你面對具有明確信念的人，要能說服他改變立場，站到對面去，有多難！

囉唆還跟達爾文的個性有關，包括前面講到，刻意抹煞祖父的影響，都來自他的個性。達爾文很膽小、很謹慎，因爲他膽小，因爲他謹慎，他總覺得別人不會相信他，不認爲自己有足夠的說服力，他囉唆，因爲自信不足，習慣一直反覆地講。

那個時代的讀者，加上達爾文的個性，兩項因素連在一起，造就了歷史上的巨大變化。畢竟「演化論」跟「相對論」是不同的兩回事。我到今天仍相信——雖然沒有辦法證明——如果在一九〇五年不是有一個叫做愛因斯坦的天才，發現時間、空間、物質都可以放在一個概念下獲得整合，愛因斯坦沒有提出「相對論」，從此以下的物理學發展會很不一樣。「相對論」是太大的突破，很難從跟愛因斯坦同時代的其他人想法裡推論出來。達爾文的理論卻不是。那個時代，包括華勒斯在內，有其他人發現了同樣的原理，然而，如果不是透過達爾文的這種寫作風格，如果達爾文不是這樣小心翼翼先假設沒有任何人會相信他，「演化論」恐怕不會那麼快被那麼多人接受，發揮這麼大的影響力。

所以當你在讀《物種起源》，被達爾文的囉唆風格弄得不耐煩的時候，請假設自己回到歷史情境裡，把自己假想為一個眞正相信上帝創造一切東西的人，從這個角度出發，你可能會讀到很不一樣的一本書。你會發現這本書用盡一切手段，不斷誘迫你，不斷牽引你，讓你被弄得昏頭轉向，開始不再清楚自己究竟相信什麼了。那一刻，你就從一個堅定的創造論者，朝轉向為演化論者，跨了一大步。這個策略是達爾文得到其歷史地位不可分離的一個部分，不該被隨便忽視、丟掉。

達爾文的延伸閱讀：約翰．鮑比的《達爾文傳》

如果你這一輩子會有時間、有興趣好好讀一本達爾文的傳記，我會特別推薦約翰．鮑比（註）寫的書。約翰．鮑比原本是研究兒童發展心理學的，尤其是「依賴理論」（attachment thoery）的研究，在小孩的「依賴性」上，曾獲得突破性的重要成就。在心理學領域，他留下了不少經典著作。到了一九九〇年，約翰．鮑比八十歲時出版了他一生的最後一部著作，竟然是達爾文的傳記，這本書出版沒多久他就過世了。他用心理學家的眼光重新理解達爾文，將達爾文的人格做了非常細膩的分析。而且約翰．鮑比不是只處理達爾文的心理，爲了要處理達爾文的心理，他還將達爾文的時代予以復原，包括他的家庭、親友等人際互動的對象。

約翰．鮑比是醫科訓練出身，後來才轉而研究心理學，他不是社會科學訓練的心理學家（psychologist），他先是個精神病學家（psychiatrist），從醫學的角度研究人類心理。他寫達爾文傳記，一開頭先診斷達爾文。達爾文一生當中，有二十年的時間，深受嚴重的胃腸疾病所苦，日記、書信裡一再提到晚上睡不著覺，會先歇斯底里地大哭（hysteria cry），然後嘔吐，胃腸當然很不舒服。這個毛病困擾了他二十年。當時很多醫生有不同的診斷，卻都治不好他。約翰．鮑比的達爾文傳記，對這件事進行了詳密的討論，書最後的〈附錄〉，就是他對於達爾文病症的「醫學診斷書」，很認眞、很正式的一份醫學診斷。

現代醫學不斷進步，提供了我們回頭診斷歷史人物的機會。例如說，一兩百年來，多少學醫的人，去羅浮宮看了蒙娜麗莎的畫像，主張蒙娜麗莎不是個健康的人。蒙娜麗莎的氣色不對，手的皮膚狀況不對，她應該是得了怎樣怎樣的病。又例如，用現代醫學看耶穌基督，保證他一定有幾個嚴重的身體疾病。從曠野上四十天的紀錄看，他一定有幻聽，還有幻覺。還有，米開朗基羅有躁鬱症，所以他不只是失眠、脾氣暴躁，還常常不眠不休工作。很多人喜歡這樣「輕薄古人」，「輕薄古人」絕大部分是爲了「娛樂今人」。約翰．鮑比分析達爾文卻絕對不是爲了輕薄古人、娛樂今

註：約翰．鮑比（John Bowlby，一九〇七—一九九〇）：英國發展心理學家。他寫的這本達爾文傳記書名是《*Charles Darwin : A New Life*》。

人，他的診斷是爲了讓我們更深入理解達爾文生命的關鍵時刻，做出的關鍵決定。

約翰．鮑比診斷出來：達爾文的問題，二十年所受的折磨，其實是精神性的。那不是身體上有什麼問題，而是來自他心理上的嚴重毛病。他整理了達爾文的家世，推斷他們家裡的氣氛。整理達爾文和母親之間的關係，他和父親之間的關係。整理出很重要的訊息：第一，這是個菁英家庭，一個重視知識，但是輕忽宗教的家庭。這個家庭會有伊拉斯謨斯這樣的祖父，又有查爾斯這樣的孫子，顯然因爲他們對知識的熱情追求，遠超過對於宗教的信仰。在那個時代，事實上，在任何一個時代，要做社會上特立獨行的個人或家庭，都得付出代價。約翰．鮑比認爲達爾文家族付出的一項嚴重代價就是——這是一個很不會處理情緒的家庭，尤其是一個很不會處理悲痛情緒的家庭。

前面提過，約翰．鮑比在心理學本行上，是研究兒童「依賴」的專家，所以他有專業敏感性，看出十九世紀男人內在的問題。他強調，作爲一個十九世紀的男人，其實壓力很大。每一個家庭都會生很多小孩，然而即便是中產以上的家庭，小孩夭折率都很高。而且你不會知道哪一個小孩會夭折，也不會知道小孩會在三個月大，還是三歲時，甚至還是九歲、十一歲時夭折。這種狀況對所有的父母，都產生很大的感情壓力，你不知道你應該、你可以投注多少感情在哪個小孩身上。今天我們基本上沒有這種問題了。今天任何一個人帶小孩時，都不會、不需要自覺或潛意識地擔心：「他會不會離開我？」「我會不會無法承擔他離開帶來的痛苦？」在那個時代，卻是每一個父母都必須面對這樣的問題。這麼多的小孩一個一個出生，我要喜歡哪一個？我可以喜歡哪一個？這裡面有跟上帝一賭的成分在。一賭賭錯了，很可能有一個小孩一輩子跟著你，可是偏偏你從來沒有注意過他、你從來沒有愛過他。那是如何緊張、何等失敗的父子關係或父女關係！更可能賭錯的，是這個小孩特別可愛，你忍不住把所有感情都投注在他身上。哇！完了！三個月他就走了。還有更慘的，如果是九歲時，他死了呢？若他是十一歲的時候走掉呢？那種痛苦簡直難以想像。

處理這種問題，生命無常的問題，宗教扮演了重要的角色。所以上帝沒有那麼容易被推翻，因爲上帝有其具體、不容易被取代的社會功能。上帝提供面對種種生命難題時，簡單的答案。「這件事情爲什麼會發生在我身上？」「因爲God will it，這個是上帝要的。」我們可以把所有問題推給上帝，拿上帝當現成的答案，那麼人必須承擔的責任相對就輕很多。

達爾文的成長背景與《物種起源》的出版

達爾文這一家，因爲對知識的重視、對科學的理解遠勝過於對宗教的熱情，所以他們就不可能自宗教裡得到有效的安慰。因爲不相信，或者說沒有信得那麼深，在面對現實時，他們會比別人無助。雖然伊拉斯謨斯·達爾文是個醫生，但在家中，他一樣看著自己的小孩一個一個夭折，接連而來很多次的死亡事件等著他去處理。達爾文家族到了查爾斯的父親——羅伯特·達爾文當家時，其家風從一個角度看，是很開放、很開明的。例如說開放地接受科學的知識。但換另外一個角度看，卻又非常封閉保守。他們只有、只懂一種對待死亡的方式——遺忘。他們相信人生碰到痛苦，最好的方式就是遺忘，尤其是對待早夭的小孩。

查爾斯·達爾文的母親很早就過世了，母親過世後，他父親跟兩個姊姊，爲了幫助他遺忘，就管制不准他提起跟母親有關的任何事情，把他母親在家裡所有的痕跡盡可能地全部消除掉。他們是爲他好，可是卻造成他生命當中最深刻的一個創傷（trauma），母親不只是死了，而是徹底消失了，他沒有辦法讓母親眞正完全從記憶裡消失，可是又必須承受父親及姊姊令人悲傷的要求，造成了巨大的創傷。

另外，在母親的一切都消失後，達爾文這個小孩必須認同、能夠認同的對象，只剩下父親，所以他極度在乎父親的看法。很不幸的，他那麼在乎父親的看法，卻沒有辦法照著父親的路去走。他父親當然希望他去愛丁堡，念完書繼承家業當醫生。可是達爾文沒有當醫生的資質，二十幾歲時從愛丁堡回到英格蘭，一事無成。一位長輩幫他找了個機會，讓他可以隨著「小獵犬號」去環遊世界，做動、植物調查。達爾文的父親很反對這件事，並不是反對他去當生物學家，畢竟那個年代做一個生物學家跟做醫生還算很接近。那父親反對的是什麼？他父親覺得這個小孩原本就已經是所有小孩裡最游手好閒的了，生活沒什麼目標，又要跑到船上去，那船預計兩年才會回來，豈不是又添了兩年游手好閒？他父親本來不願意讓他去，後來很勉強才答應的。

陰影已經留在達爾文腦子裡了，他很清楚知道這個世界上有一個人他必須要去說服，偏偏這個人很難被說服。這個大陰影籠罩了達爾文，讓他一直很緊張。達爾文最早開始發展對於演化與天擇的想法，是哪一年？一八三八年。一八三八年他就開始試著寫下關於演化的看法。可是之後他花了整整二十一年的時間才讓《物種起源》出版。而且如果不是華勒斯已經在《英國皇家生物學報》上發表看法，達爾文還不曉得要再拖多少年才願意出版《物種起源》呢！

華勒斯也在研究物種演化，寫了一篇簡短、概念性的論文，交給《皇家生物學報》發表。也不知是幸或不幸，這份學報的一位審稿者是達爾文的老師，他曾看過達爾文的草稿，立刻察覺華勒斯的想法和達爾文的想法基本上是一樣的。他趕緊通知達爾文，趕緊在同一期的《皇家生物學報》上面刊出了達爾文研究的部分重點。我們可以想像，如果學報上華勒斯的文章先刊出了，達爾文後來才知道有這麼回事，那麼到底誰發現「演化論」的官司就有得打的了，很可能落得各說各話，不會有明白的「達爾文主義」。還好達爾文有證人，兩位當時地位很高的生物學前輩都看過他的草稿，他們證實了兩人之中，達爾文比華勒斯更早有了關於「演化」的想法，也更早發展出較爲完整的說法。

這件事讓我們不能不問：寫了這麼大本的草稿，把他基本的理論都想好了，達爾文還在拖什麼？而且遲遲不發表的這段時間裡，他每一天都胃痛，他每一天都嘔吐，痛苦得不得了。爲什麼？因爲他太緊張，他太清楚他所要面對的那個世界，他要去說服的那個世界。他其實是以他父親作爲那個世界的代表，透過他跟他父親的關係來認知、想像那個巨大、冷漠而且難以討好的世界。他最大的恐懼就是：這樣已經可以說服我父親了嗎？這樣已經可以說服這個世界了嗎？

偏偏他選擇的題材在這個世界上是有很堅固、很根深柢固基本概念的一個領域。所以他一直在拖延，拖延他與這個世界的基本觀念之間正式對決的時間。他一直不斷地準備自己，卻還是沒有把握可以做得到。我們現在看到的《物種起源》，是達爾文心不甘、情不願地交出來的。他會說這只是個「摘要」，這有兩層意思。第一是，我還有更多東西，沒有辦法寫進已經這麼厚的這本書裡面。還有另一層意思，是預先拿來阻擋批評意見的。你們對我今天所做的論證有意見的話，先不要急，我還有很多證據沒有完全拿出來，之後，我可以拿出來給你看。讓人家不要單以這本書評斷他。神經質的達爾文有著不可能完成的野心，他想要將當時西方人認識的所有生物界現象，全部包納進他的書裡。

第五章

達爾文的超越與限制

達爾文不告訴你馬是什麼，
不告訴你駱駝是什麼，
他不要先有這一些物種的定義。
他先告訴你各個生物個體到底長什麼樣子，
有什麼樣各自不同的變化。

一、非定義的思考模式

《論語》〈陽貨篇〉中，孔子有一句話說：「小子何莫學夫詩？詩，可以興，可以觀，可以群，可以怨；邇之事父，遠之事君；多識於鳥獸草木之名」。「鳥獸草木之名」在孔子的概念底下，或者是歷史上解釋《論語》的中國論述裡，從來不成問題。中國人理所當然認為教育小孩的過程中，要教他多認識這個世界，多認識自然世界要採取什麼樣的方法？是讓他知道蟲魚草木鳥獸，讓他「多識於蟲魚草木鳥獸之名」。

在中國的傳統下，名比實來得重要。後面預設了名與實相符，沒有名實不相應的問題，名比實容易、方便學習、掌握，久而久之就會產生這樣的偏斜。這樣的預設讓中國後來要跟西方知識接軌時，碰到了很大的麻煩。因為不管從教育的角度，還是從知識系統的角度來看，西方完全不是這樣。在西方，名與實之間的關係，歷來一直都是大問題。

一匹馬與關於「馬」的原則

西方思想的底蘊裡有一個很重要的「二元論」。比「心物二元論」更早，更基礎的「現象與本質的二元論」。回到西方思想的起源，回到希臘的哲學，蘇格拉底與柏拉圖的哲學背後有一個問題，就是我們如何認知這個世界？我們如何理解這個世界？進一步我們怎麼整理這個世界？爲什麼柏拉圖變成西方思想史上如此重要的一位大師？因爲他提出了後來的人很難擺脫的根本說法。

柏拉圖告訴我們，這個世界上發生的事是現象，然而人無法依照現象、追尋現象去認識世界。因爲現象太多太複雜了。要認識人，我能夠去認識所有的人嗎？不要說今天的世界了，就算那個時候的雅典，你能認識每一個雅典的人嗎？如果世界就是由現象構成的，那麼，要知道「人是什麼」，我就要追逐每一個人，認識每一個人之後，我才知道人是什麼。如果這樣的話，世界就沒有知識的可能性。所以柏拉圖得到他的重要結論——現象相對是不重要的，我們不能追逐現象，現象只是我們拿來整理萃取出本質的基本材料而已。這個世界眞正重要的東西是本質，本質會變化爲許許多多的現象。

我們對世界的掌握理解，我們對知識的追求，重點是本質而不是現象。由此就誕生了柏拉圖的「理型說」，意思就是，每一樣東西背後都有一個「理型」，那個是這樣東西眞正的本質。我們今天所看到這樣東西的任何一個個體，都不過是這個本質的曲解、墮落或者是比較劣等的代表而已。例如說這個世界應該存在著一種東西叫「理想中的馬」，那是由馬的各種抽象本質所構成的。今天我們知道、我們看到的任何一匹馬，你以爲再了不起的、在賽馬中贏得冠軍的那匹馬，都不過是這個理型的馬的一個具體現象，而且是比較不完美的具體現象。所以我們要追求、捕捉的，不應該是任何一匹馬，而是貫串所有馬的「馬的原則」（horse-ness）。

再進一步，我們了解人類知識的程序。要如何理解「馬的原則」？當然不能憑空想像。還是得先回到現象。先整理我所看到的這個世界上具體的馬，盡可能很多的馬，如果這一些馬都是同一個「馬的原型」的墮落或者轉化的話，我就可以藉整理現實的馬回推理想原型。例如說在經驗或知識上，我們找到一百匹馬，有很多方式可以萃取出現象所含藏的背後本質。例如說馬的身體結構。在這一百匹馬裡面我們能夠綜合找出最好的平衡結構，那理想中的馬就應該擁有如此的結構。

要找到馬或任何一種東西的原型、本質，我先得要分類什麼叫做馬。將這個世界的現象做出分類，我們才能夠找出每一類的本質。依照這套西方思想邏輯，分類這回事原來如此關鍵，因爲它同時是描述（description），也是規定（prescription）。在分類概念裡成立了一個叫做「馬」的類別，那我們就要指認出這些馬，然後描述這些馬的共同特色。這是馬的本質。用這種方式描述「馬」的共同特色時，那描述本身又變成了規定。看到所有這些馬，然後將這些動物稱之爲「馬」，再描述其共通特性，於是描述就變成了定義。什麼是「馬」?「馬」必須具備哪些條件？牠要有鬃毛、牠要有長在頭頂上面的兩隻可以朝不同方向移動的耳朵、牠有長長的臉、牠有長長的脖子、牠的脖子比例和身體比例大概是如何，然後牠有四個蹄，牠可以跑得很快，牠可以承載很重的東西走很遠的路……這是我們對於馬的描述。可是同時這也就成了我們在分類上對於馬的規定。如果有一種東西看起來像馬卻沒有四個蹄，這個時候我們就認爲不能將牠放進「馬」的分類範圍裡，因爲它不符合馬的規定。

定義是理解世界的方式

所以分類背後預設了一種思考的模式——定義式的思考。當我們問什麼是什麼的時候，也就意味著在追求它的定義是什麼。去看柏拉圖所記錄的蘇格拉底，蘇格拉底不是很喜歡跟人家辯論嗎？看多了你就知道西元前第五世紀希臘最聰明的人，其實他的辯論模式很簡單、很清楚。例如在柏拉圖的《饗宴篇》（*Symposium*）（註）裡，在宴會上大家選了「愛情」作爲談話的主題。談愛情，蘇格拉底只做了一件事，他反覆地問不同的人，愛情的定義是什麼？如果你說：「愛情的定義就是，這裡有一個人，我如果愛她，我會願意爲她而死。」蘇格拉底就問你：「那如果有一個人你因爲愛她，你又爲她而死，可是你死了會帶給她更大的痛苦，那你還愛不愛她？你還會不會用這種方式愛她？」他用各式各樣的方式去挑戰你的定義。換句話說，他一直在尋找，我們對於任何一個概念、任何一個物件、任何一種德性，最完美最周延的定義應該是什麼。蘇格拉底一生——可能也包括柏拉圖的一生——都一直在追求完美的定義。在《理想國》（*Republic*）中就問：要如何定義共和（republic）？又要如何定義正義（justice）？什麼是正義？什麼叫做統治？什麼叫做國家？都是用定義的方式來思考的。

基督教興起後，這種思考模式更進一步獲得強化。柏拉圖的出發點，

註：中譯可參見《饗宴：柏拉圖式愛的眞諦》，王曉朝譯，左岸出版，另有朱光潛先生的譯本，收入《柏拉圖文藝對話錄》（網路與書出版），將此篇譯爲《會飲篇》。

一半基於功利，一半基於理性，然後說：我們能想像的理解這個世界最好方式，是假設有理想理型（ideal type）的存在。但理想理型的存在，在柏拉圖的哲學裡，是沒有證明，也沒有保證的。到了基督教神學，直接承襲理型說，在上面加了上帝。是上帝創造了這些完美理型，上帝就是所有這些完美理型的總和。奧古斯丁的神學大作《上帝之城》裡就指明，人間的每一個城市，我們的每一個人的生活，都是假的，它不過是上帝之城的一個影子，是一片扭曲的光影投在地上。我們怎麼辨？我們要拋棄現象，我們要去尋找上帝之城，只有投靠上帝之城，才能夠得到最後的救贖跟最後的解脫。

這樣的思考模式當然也應用到理解自然世界上。自然世界就是由許多明確定義的動物、植物所占滿的地方。在那個時代的認知中，這裡有一種動物叫做馬，那裡有一種動物叫做駱駝，另外有一種動物叫做羊。羊有羊的本質，雖然有多種不同的羊，不過那個總名稱的羊以及在每一個分項的羊類，都是有定義的，那個定義，或說它的本質就是上帝所賦予的，這就是「創造論」所主張的論理。「創造論」具有強大的力量，因爲它不止來自於宗教信仰，它還有來自於西方一、兩千年本質論思考的基底。

用這個角度來理解世界，大家相安無事。我們所認識的馬，牠就有一種上帝給予馬的特質，就有上帝規定馬該有的樣子。馬會不會有變化？當然有。這裡有一匹馬，旁邊這匹馬比牠高一點，再旁邊那匹馬比較瘦一點，這匹馬是棕色的，那匹馬是白色的，有的馬跑得快一點，有的馬跑得慢一點，有的馬可以長大，有的馬長不大，但這些差異，都只是「現象」，不影響我們對「馬的本質」的認識。我們不需要在意現象上的差異，現象上的差異永遠也講不完。我們要的，我們需要知道的，不過是「馬的本質」是什麼，「馬的定義」是什麼。

這樣一種簡單明確的「分類學」，到十六世紀之後，爲什麼開始被挑戰？爲什麼會出現林奈的「分類學」系統？因爲有愈來愈多種動物跑出來了，有愈來愈多種原來歐洲人並不認識、並不理解的動物，現在一一從大航海時代所發現的新地方，進入到他們的意識裡面，也就挑戰了分類的架構。例如在這之前，歐洲人很早就知道駱駝，沒有人會搞混駱駝與馬這兩種動物。駱駝有駱駝的樣子，馬有馬的樣子，任誰都相信駱駝與馬就是兩種完全不同的動物，分在兩個截然不同的類別下。但是後來突然出現像是駱馬、氂牛那樣歐洲人過去沒見過的動物。駱馬介於馬與駱駝中間，氂牛介於駱駝與牛中間。駱馬身上既有馬的特徵和特色，又有駱駝的特徵和特色，對於這種動物你怎麼辦？剛開始的時候，浮上來的第一想法是先將駱馬解釋爲馬的變種，或者是駱駝的變種。換句話說，那是長錯了的馬或長錯了的駱駝。可是當愈來愈多這類曖昧動物出現的時候，這套辦法就愈來愈行不通了。例如說，不只有駱馬，還有羊駝。到了南美洲，遇見一種動物，牠長得就是半羊半駱駝，然後還會吐口水，老天，這是什麼動物？這樣的動物我們拿牠怎麼辦？

原來的分類應付不了，需要有新的架構。可是一直到達爾文出現之前，一直到達爾文寫這本書，一直到這本書發生影響力之前，分類學都仍然是在舊架構上的修修補補，不過是在馬與駱駝中間多加一個類別，叫做駱馬，再給這個駱馬一個定義，然後宣稱這是上帝開天闢地之初就創造了的，駱馬及駱駝都是，只不過因爲我們沒有看到上帝創造的全貌，我們才忽略了駱馬的存在。

除了駱馬啦，羊駝啦，歐洲人到了澳洲，又發現了鴕鳥、袋鼠、無尾熊，這一些都是過去的分類架構裡面很難擺放的生物。鴕鳥，從身體的結構，從牠的生殖方式，牠明明白白就是鳥，可是哪有人看過這麼大的鳥？而且不要忘了，從定義、從分類的本質上面來看，鳥的第一項特性是什麼？鳥是會飛的。鴕鳥的翅膀已經退化，根本不會飛。那麼，這種動物還是鳥嗎？

發現愈多物種，就使得分類愈來愈擁擠，分類愈來愈擁擠，個別物種的定義也就愈來愈難下。每一個分類出來的動物我們都要給牠一個定義，多麼麻煩！慢慢開始有人懷疑：這個世界上每一樣分類出來的動物，其背後必然有一個屬於這物種的本質嗎？原來的分類架構愈來愈難處理，分類所要處理、所要記錄的動物愈來愈多，就開始產生了錯亂原來本質和現象

「二元論」的弔詭。

爲什麼要分本質與現象？不就是因爲現象太複雜，我們只好用本質來予以掌握嗎？可是現在看起來，用分類所創造出來的本質愈來愈多，假設原來十五世紀歐洲人覺得需要認識的動物，只有八十種，就算這個世界有八千萬個不同的生物個體，對他們沒有意義，或是說他們不用去管那八千萬個，只要掌握八十種就能夠掌握全世界的生物領域。可是到十八世紀後期、十九世紀初期，這個領域裡所有被發現被記錄的生物卻增加到一萬種，原來的「分類學」膨脹到了近乎不可收拾的地步。

「這麼簡單的原理我怎麼會沒看到？」

當這個世界有超過一萬種生物時，有誰能以人力充分掌握一萬種東西的本質，藉由這種途徑來了解這個世界？本來是要靠分類來簡化現象，結果現在變成分類本身都複雜到沒辦法掌握的程度，這在當時構成了一個巨大的困惑。很多人感受到困惑的痛苦，等待新的方式來解決這個困惑。達爾文的《物種起源》在一八五九年出版，一出版的沒幾天，第一版就全部賣完了，表示這本書符合許多人的期待。

與達爾文同時研究演化學、生物學，後來成爲達爾文好朋友，變成他學說最重要宣傳者的赫胥黎，一聽說這本書的內容，趕緊搶到一本，又很快地花兩天時間就將書讀完，讀完之後他的第一個反應是：「唉，我怎麼笨到這種地步？我怎麼愚蠢到想不出這個理論呢？」這句話太有意思了。赫胥黎的反應不是說：「這達爾文怎麼如此聰明，看見了我看不見的東西！」當他說：「我怎麼會沒看到」，就意謂他不覺得達爾文有多聰明。而且他還說：「我笨到這種地步」。愛因斯坦發現「相對論」，沒有幾個人看得懂，而每一個看得懂的人，都覺得不可思議，這個人怎麼可能有這麼好的腦袋想得出這種東西？讀了達爾文的書，赫胥黎卻是痛心疾首。這麼簡單的一個原理我怎麼會沒看到？而且這樣的反應，顯然不只赫胥黎一個人有。

達爾文看到，赫胥黎覺得自己應該看到卻沒看到的是什麼？最重要的就是從一個完全不同的角度來看分類。以前的人是先看到分類，才看到生物個體，然而達爾文清楚展現了一種新態度——我們之所以看不懂或看不出自然的奧妙，看不出物種變化以及這個世界的來歷，正因爲我們先看分類，才看個體。達爾文要翻過來看生物世界。先看到個體，再從個體尋找物種的集合。用哲學語言說，就是用現象學立場（phenomenological）取代了原來的本質論立場（essentialistic）。意思是，我們不要急著去決定這個動物是什麼，先不要去定義牠叫什麼，而是如實地看牠長什麼樣子，每一個單一個體的長相。

以前的態度，看一隻動物，先看牠是一匹馬，就看牠跟其他馬一樣的部分，就是其作爲馬的「本質」。看到一個人，先確定他跟其他人一樣有兩隻腳，直立走路，然後才看這人長得比較高，那人長得比較矮；這人長得比較胖，那人比較瘦，程序是「求同而後誌異」。達爾文把這個程序倒過來。去看生物的時候，先注意其差異，記錄這個生物哪裡不一樣，這一隻跟那一隻有什麼不一樣。前面提過家鴿，達爾文講完家鴿之後，接著一路講「變種」。人類豢養的家鴿，個體變化差異最大，最容易觀察，注意差異，用這種眼光來看，看到的物種圖像就完全改變了。

在本質主義的「分類學」裡，整個生物界，是由一個個明確的物種領域組成的，每一個物種都有它自己的界線、它的壁壘。可是到了達爾文的概念下，生物界變成像是一個多維的座標系統，每一個個別的生物體，因其具備的特性，會有一個落點。整個生物界是由無限個不同的點，無限個體所形成的這些點所構成的。你會發現這邊會有一個分布比較密集的地方，那邊有一個比較密集的地方，一個個密集的地方就構成物種的可能性，不過並不必然就構成物種。也就是把原來本質論所在意的本質，暫時先懸決在那裡。先不假設那裡就有一個物種，先看個體，看個體有這麼多變化，爲什麼最後還是產生物種？把原來的起點、前提推回去變成問題，用這種態度來解決困惑了當時許多人的生物界複雜問題。

所以赫胥黎罵自己怎麼笨到看不到。當時絕大部分在這個領域從事研究的人，都跟達爾文一樣，掌握了很多很多動、植物資料，可是他們安排這些資料的方法，就是在一個封閉的分類系統裡面將這些新增資料一直塞進去，塞到後來整個系統擁擠不堪，沒有辦法繼續承受。達爾文卻說，不要再塞了，我們乾脆暫時把這套系統拿掉，你會有不一樣的視野。達爾文不告訴你馬是什麼，不告訴你駱駝是什麼，他不要先有這一些物種的定義。他先告訴你各個生物個體到底長什麼樣子，有什麼樣各自不同的變化。

這種非定義方式，達爾文還運用在其他不同的地方。以前的生物學家，在解剖和結構的理解上，大多也都是本質式或是定義式的。達爾文就是不吃這一套。

《物種起源》第六章裡面有一段，達爾文討論了物種在變化的過程當中，需要變換不同的器官。例如原本在水裡面的水生動物，後來怎麼跑到陸地上來呢？那是多大的變化！我們如何想像動物從水生的環境變換到陸生的環境？物種在變化過程中，其變化的能力自何處來？達爾文用魚的器官來解釋。他說今天絕大部分的魚有兩種吸收空氣的器官：一個是我們所熟知的鰓，鰓吸收溶解在水裡面的氧氣。另外還有一個器官叫做鰾，那個是什麼？那是魚用來控制浮沉的器官，鰾的功能就是如果吸入較多的空氣，它脹起來，魚就浮上去，當它收縮，魚就向下沉。達爾文說，魚鰾其實就是吸收不是溶解在水裡，而是游離在水裡面的空氣的器官。因此，如果有一天這條魚要慢慢地上到陸地，牠已經具備一個有潛力的器官，可以將鰾轉化來呼吸陸地上的空氣。達爾文這個觀察是完全正確的。我們發現水生動物演化成陸生的過程中，魚鰾正是重要的關鍵。

達爾文爲什麼能夠發現這件事實？當時絕大部分生物學家認定：肺就是陸生動物呼吸空氣所使用的器官，用它的功能來定義肺這個器官。魚鰾呢？魚鰾就是魚用來控制浮沉的器官，這是它的定義，這是它的功能。用這種方式去看，永遠看不出來陸生動物的肺跟魚類的鰾具有高度的相似性，它們都能夠把空氣吸進去，能夠因爲吸空氣而脹，因爲把空氣排出來而縮。用原先存在的定義來看，這兩樣東西永遠不會在一起。要擺脫既有的習慣，用現象而非定義的角度來看，才會看出這兩者之間有著變化的可能性。

達爾文不只提出了理論，還提出了一個影響深遠的方法——怎麼看這個世界？怎麼看生物世界？

二、對達爾文的誤讀

再回來談那個倒楣的拉馬克。拉馬克和達爾文眞正最大的差異，不在於一個主張「用進廢退說」，一個主張「天擇說」，希望大家一定要把這個以前課本教的錯誤概念丟掉。兩人眞正最大的差異是——拉馬克最早試圖證明物種會變化，然而在拉馬克的理論中，物種的變化是有明確方向的，物種的變化一定是從簡單變成複雜，從粗糙變成精細，從不完美慢慢趨向於完美。拉馬克提出的物種變化理論，其中有一個他用來解釋變化之所以發生的基本前提，物種爲什麼變化？因爲絕大部分的物種是不完美的，所以它得一步一步地朝完美的方向進化。拉馬克的物種變化背後有一個演化表。到今天爲止，在這一點上，其實我們的生物學仍然深受拉馬克的影響。記得中學時學生物，看過「演化圖」吧？什麼是「演化圖」？演化圖就是將生物按進化程度排出次序來，從最低的單細胞生物一路排上去，排到演化的最高點，就是人。那時候老師往往向你解釋：這就是達爾文的「進化論」，列出生物怎麼從一個單細胞，一路一直演化到今天像我們的這種靈長類「智人」。問題是，這不是達爾文，這是拉馬克！

拉馬克一貫主張生物的演化有——而且只有——一個方向，由低的演化到高的。在拉馬克的圖式（scheme）中，生物世界的形成，來自於最開始一個最簡單的生物，然後經過各種不同環境的需要與刺激，造成某些器官因爲實用需求不斷改變，然後遺傳一代一代，生物就愈來愈複雜，有愈來愈高等的生物出現。可是拉馬克沒有處理一個問題，那就是：如果生物眞的不斷從最低演化到最高，那爲什麼在這個世界上，我們看到的不是只有演化到最高的生物活著，而有這麼多各種不同的生物？

認眞處理這個問題的是達爾文。他從拉馬克那邊承襲了太多看法，所以知道這個問題的重要性。《物種起源》第五章有一部分就在解釋，爲什麼低等動物今天繼續存在。在達爾文的解釋中最清楚看出他跟拉馬克不同之處。拉馬克認爲物種就是不斷的從最後面一直往前推演，物種會愈變愈好、愈變愈完美。達爾文不同意。達爾文主張：物種不是在一個普遍的共通標準衡量下，愈變愈好，物種只是變得愈來愈能夠適應特別的環境，它是對它所在生存的環境變得更好更完美。並沒有一個絕對的標準，讓物種從這裡一直走到前面去。

從達爾文的角度、用達爾文的觀點來看，他會去排「進化表」嗎？不同演化階段的生物，會因應於特殊的環境而變化，而環境中最大的變數，就是生物與生物之間的關係。一個生物被放到一個特定環境裡，剛開始牠一定跟這個環境會有很多不相合的地方。「演化」是什麼？演化是生物發展出各種不同的策略，使得自己愈來愈能夠適應所在的環境。如果環境改變了，生物與環境之間又變得沒有那麼相合，牠就又會開始進行變化，尋求能夠更加適應變化後的新環境。

達爾文與社會達爾文主義天差地遠

達爾文的「天擇說」經常被誤解，更經常被過度推論，包括赫胥黎提的響亮口號叫「適者生存，不適者淘汰」，都有不那麼準確的地方。當達爾文在講「天擇」時，他講的「適者」與「不適者」往往屬於同一個物種，是物種內部的個體差異決定生存的機會。例如鵝最重要的天敵是老鷹，所以容易被老鷹看到的鵝，一下子就被抓走，沒了。如果有一隻鵝有特別的傾向，喜歡待在樹葉間，老鷹不容易看到牠，牠就生存下來了。只有會躲在樹葉間的鵝活下來，這種鵝的物種特性就改變了。「天擇」、「自然選擇」選的是什麼？選的是，同樣的物種面對同樣的環境、面對同樣的天敵、面對同樣的資源，有一些個體發展出新的策略，使得牠得到較多的資源，或使得牠得以躲過天敵。因此，牠就能夠繁衍下去。

再講一次，「天擇」在達爾文原來的用意裡，在他書中絕大部分是講同種之間的競爭。可是這個概念變成一個簡單口號之後，很多人就把它跟拉馬克的「演化圖」、拉馬克主張的「演化方向」結合在一起，強調重點變成了異種之間的競爭。如此產生了一個十九世紀後期一直到今天還在影響我們的重要社會觀念。那就是，愈低等的生物愈容易被淘汰，而愈高等的生物不只是傾向於去淘汰低等動物，甚至後來變成牠有權力淘汰較低等的生物。

這中間其實有很大的差異。當我們把競爭的對象，「天擇」的單位由同種生物變成異種生物，意義就完全改變了。尤其是這種解釋被用在人類社會上，影響就很可怕了。「天擇」被解釋成：物種一定會不斷進化，不斷地趨向於完美，於是愈趨向於完美的物種，就愈有權力消滅、淘汰掉那些不完美的生物個體，取走低等演化生物的資源，來供應高等生物。拉馬克的目的論演化表跟達爾文的「天擇」如此被赫胥黎等人拉在一起，產生了一度被視爲天經地義的概念——這個世界的一套新的本體論

（ontology）。雖然沒有了上帝的意志，可是遵照天演論，這個世界最後應該存在的一個合理的狀況，就是最完美的、最聰明的人控制征服世界，取消掉其他不完美的落後物種，這些落後的物種、這些不完美的物種，本來就理應絕跡、理應被消滅。牠們就是因爲不能夠適應「天擇」，所以消失了。這不就是大自然要的嗎？天演論至此變成另一種「神聖且必然的目的」，優秀的取消不優秀的，完美的毀滅掉不完美的。

十九世紀有太多人拿「社會達爾文主義」當作強欺弱、眾暴寡的藉口。我今天打你一頓，幹什麼？我能打你一頓，就證明我是適者，你會被我打一頓，就證明你比較弱，本來就該被淘汰，這就是大自然的定律。這些人以爲是達爾文發現這個定律的。

這個時代，我們經常在講地球或環境的浩劫。我們從十五、十六世紀的大航海開始講，講到西方的冒險與征服態度、講到帝國主義的霸道，認爲是這些歷史因素，對自然的予取予求，造成了今天的浩劫。這些當然有影響。然而十九世紀之前，就算是帝國主義者，對待自然其實沒有那麼殘忍。爲什麼？因爲這些東西都是上帝創造的，所以人還是會有猶豫、有疑慮：我有資格有權利毀滅、改變上帝所創造的東西嗎？但是自從達爾文的「演化論」被前面提到的那種方式與拉馬克「目的論」的「演化表」合在一起之後，釀造了眞正的災難。任何物種的消滅，不過就是證明了那個物種應該要被消滅，不是嗎？這就是「天擇」嘛！牠如果不是自己本身發展得這麼差，怎麼會被我消滅呢？所以我消滅牠，證明我遵從自然定律。這才是造成十九世紀之後一直到二十世紀，整個世界的自然環境產生這麼大變化的根源。

想想眞的很可怕，一個思想與觀念的改變，而不是技術的發明改良，造成這麼大的影響。人類用來對付自然生物的許多殘酷手段，早在十九世紀之前就已經發明，人與動物之間，與自然世界之間的不平等權力早就存在。可是一直要到出現這個思想的改變才眞正改變了人的行爲。

我們爲什麼要回頭讀達爾文的書？我爲什麼要特別提醒大家，有耐心一字一句去讀？耐心讀才會明白「達爾文主義」和達爾文之間眞正的關係。達爾文試圖要證明的是A，爲了要證明A的過程有一個部分，我們稱之爲小a，在小a加上他從來沒有想要的一個大B，弄出的東西，那不是達爾文，是「達爾文主義」。「達爾文主義」其實並沒有得到達爾文論證的支援。達爾文從來沒有告訴我們，高等物種必然會消滅低等物種。可是今天很多人相信，很多人誤以爲「達爾文主義」就是來自達爾文的。異種之間的競爭，不是達爾文「天擇」概念中最重要的部分，我們應該要理解。

三、達爾文對於突變的看法

達爾文的大貢獻，是他用一個非本質性、非定義性的方式來看自然世界。達爾文提供了對於生物世界中什麼是物種的一個「光譜式」的新認知。也就是說，這麼多的生物，其分布有如光譜，而物種則像是我們看到的顏色。彩虹的光譜其實是連續性的，然而我們卻從原本連續的光譜分出紅、橙、黃、綠、藍、靛、紫。紅、橙、黃、綠、藍、靛、紫並不是物理現象，那是我們眼睛所看到的，我們相信自己看到的。

本來生物界就像光譜，它是漸層的，有各種不同的變化，但是它的變化會有一些集中的部分，因爲人爲的分類上需要，我們就將這些集中部分定義爲物種。所以物種當然會變化。因爲採取了這種光譜式的物種變化概念，達爾文必須面對另外一個重要的難題。今天有這麼多不同種類的動物，都是由原本同樣的動物，經過不同的演化過程而產生出來的，那麼，這個物種跟另一個物種中間，是不是應該有過渡？

《物種起源》的第四章，提供了一個大表。這個大表告訴我們，達爾文想像中物種如何變化，然後如何保留變種、變種之後如何變成新的物種出現等等。這個表該如何理解？以前生物課本常舉的演化例子是長頸鹿。如果長頸鹿是鹿，或者是某一種類似鹿的前身動物的變種，那依照達爾文的解釋，一開始怎麼有這個變種？可能是饑荒的時候，或者必須跟其他物種競爭樹葉等食物時，脖子長一點的，可以得到較多的資源，就比較有機會活下去，可以繁衍牠的後代。所以產生了一點一點微型變化，一直累積一直累積，因爲牠有適應上面的優勢，可以吃到愈來愈高的葉子，也就可以一點一點累積增加變化，直到變成我們今天看到的長頸鹿。依照「創造論」，短脖子的鹿是一種動物，長脖子的鹿是另外一種動物，都是依照上帝意志創造的。上帝爲什麼這樣創造是另外一回事，並不存在這兩者之間關係的問題。

物種之間的過渡：失落的環鎖

可是，如果接受達爾文的理論，那就有問題了。問題在，長頸鹿的脖子應該是慢慢地，一點一點加長的。那從今天的長頸鹿回推到短脖子的先祖，這中間應該會找到過渡的證據。《物種起源》第六章要處理的一個主題，就是過渡。爲什麼我們今天沒有看到鹿到長頸鹿之間的過渡？沒有脖子長三分之一的鹿，沒有脖子長一半的鹿。那過渡變種怎麼不見了？這的確是個大問題。這個大問題還牽涉到關於人的演化。如果人眞的是從猴子變來的，當時反對者給達爾文的尖銳挑戰就是——人一步一步從猴子演化來的證據在哪裡？爲什麼今天存在的人跟猴子就是有這麼巨大的差別呢？如果人眞是一步一步從猴子演化來的話，那應該有更像人的猴子、更像猴子的人，居於人與猴子之間的多種變種存在吧？在生物演化學裡，尤其論及人的起源，這就是有名的missing chains，達爾文自己說的「失落的環鎖」。

達爾文如何在第六章解釋爲什麼找不到過渡？老實說達爾文眞的夠聰明、夠天才。他在第四章、第五章裡先費了許多唇舌解釋：物種的變化過程，愈是功能重要的器官愈不容易變化，而且愈是經常變化的器官，就愈容易產生更多的變化，講到讓讀者覺得他眞囉唆。要讀到第六章，我們才了解原來那是他的伏筆。他想先說服讀者同意：物種的變化不是平均的，會有不同的變化頻率。爲什麼找不到過渡的第一個解釋，就藏在這裡面。

例如說，長頸鹿要從短脖子變成長脖子，因爲這變化在演化上對個體極有利，所以牠脖子增長變化發生的速度就會非常快。他前面說過，在演化上有利時，一旦開始發生變化，會快速的繼續變化，產生更多的變化。換句話說，其他方面可能要花一千代、兩千代緩慢變化的鹿，卻很可能只花三百代，就拉長脖子成爲長頸鹿。愈重要的變化，中間產生變化的時間愈短，以致我們不容易找到證據。

我們今天對「過渡物種」有了不同的看法，因爲我們擁有了許多當年達爾文沒有的知識，正因如此，對照下，我們更該欣賞達爾文有多聰明，又多麼有耐心，多麼努力地想要讓當時的人接受他的看法。

今天多了很多資料讓我們明白，物種變化的動源，不是像達爾文說的一點一點微小改變的累積。一項重要的科學突破幫助我們看到達爾文看不到的，那是孟德爾以降的「遺傳學」，包括後來對於基因的認識及理解。

突變是物種求生存的策略

物種如何在演化過程中，獲得適應環境上的巨大跳躍變化？用什麼樣的方式會產生較複雜而多元的個體？靠有性生殖。無性生殖的分裂，分裂出的下一代跟上一代完全一樣。會毀滅上一代的環境變化，一定會同時毀滅掉下一代，所以這種物種在環境發生變化的時候，適應力很低。有性生殖則是父親與母親加在一起產生的小孩，既不等同於父親，也不等同於母親，一定會產生代間變化。有性生殖的基本原理就是生殖細胞必須分裂，原來的細胞分裂成兩組，分裂成兩組以後，其中的一半再跟來自異性的另外一半細胞結合。在這過程中不斷分裂結合，每一個分裂跟每一個結合的過程，都可能產生基因學所稱的「突變」。突變是物種爲了保有多元性，爲了適應環境變化所採取的策略而帶來的副產品。細胞的分裂結合和突變提供了生物變化的主要動力。這一點，達爾文及拉馬克一樣看不到，因爲當時還沒有這一套知識。

長頸鹿出現最有可能的情況，是某個個體在生殖過程中，出現了突變。突變有各種方向和各種可能。一隻鹿可能突變使得尾巴變長，不過尾巴變長的鹿不會有自然選擇上的優勢，所以牠不會繁衍較多的子嗣，於是久了之後牠的基因就被稀釋，不見了。但是如果發生的突變是使得這一隻鹿的脖子變長，那就不一樣。脖子變長的鹿能夠得到別的鹿所得不到的高處樹葉食物資源，牠就不需要和那麼多的同種個體競爭，可以活得更好，於是牠可以繁衍較多的後代。孟德爾的遺傳學告訴我們，不會每一隻突變的長頸鹿都會生出長頸鹿來。假設牠所生出的四隻鹿裡面，有三隻跟原來一樣，只有一隻遺傳牠的長脖子，那你猜這四隻中哪一隻有機會生比較多的子嗣？當然是長脖子的那隻。如果有任何饑荒、乾旱，長脖子的生存優勢就更明顯。

所以最有可能的生物演化動機或動力，來自於突變而不是微小變化的累積，這是後人對達爾文「演化論」的重大修正。達爾文不懂突變，所以花很大力氣去解釋「過渡物種」的問題。沒有「過渡」，是因為長頸鹿的脖子本來就不是一點一點變長的，牠是突然之間變長而取得了「天擇」上面的優勢，然後才繁衍了更多的子嗣。

四、性擇：雄性競爭，雌性選擇

演化學的研究裡還有一個大題目，叫做性擇（sexual selection）。達爾文認爲「性擇」是「天擇」的補充。物種之所以開始變化，是因爲「天擇」，「天擇」關係到個體能不能生存下去，另外還有「性擇」。「性擇」關係到個體交配機會。不同物種，不同個體，有不同的交配機會，所以繁衍子嗣的頻率也不一樣，這個當然會影響到物種的構成和物種的模樣。

《物種起源》第四章講「性擇」的部分，後來被歸納爲「雄性競爭，雌性選擇」（male competition and female selection）。生物界，尤其是動物界的「性擇」，是雄性要競爭，由雌性來選擇。絕大部分動物都是雄性必須展現牠的可欲性，要特別英勇，要特別強壯，要特別美麗……。換句話說，突出的個體才能夠得到比較好的交配的機會。比較突出的雄性，能夠吸引比較多的雌性。

性擇與天擇是一件事或兩件事？

感覺上達爾文的說法中，主動權是在雌性身上，雌性會刻意選擇與比較有資格的、比較好的雄性交配。這方面後來引起很多討論。讓我們先思考兩件事，第一，「性擇」與「天擇」是一回事還是兩回事？達爾文是看成兩回事的。他認爲「天擇」還是比較嚴重，「天擇」會影響個體是生還是死，「性擇」只影響個體到底能生八個後代還是六個後代而已。後來另一個演化生物學上的突破，則是將「性擇」與「天擇」合而爲一。個體的生存只牽涉一個個體，但「性擇」如果像前面講的，決定了個體有八個或有六個後代，就差了兩個個體了。所以並不是像達爾文想的，「性擇」只是「天擇」的附帶。很多物種演化上的現象，必須用「性擇」才有辦法解釋。最清楚的例子就是孔雀。

孔雀的尾巴長得愈長、愈漂亮，怎麼會是牠在「天擇」上面的優勢呢？尾巴愈漂亮，愈容易吸引天敵注意；尾巴愈長，行動愈不方便。可是爲什麼在對抗天敵上最不利的孔雀竟然能繁衍下來，成爲這個物種的特色？因爲有美麗尾巴的雄性，可以得到最多和雌性交配的機會，所以牠的生物特徵就不斷傳下去了。許多鳥類都有同樣的類似特性。很多小型的鳥求偶交配時，必須要做的事就是吸引雌性注意，不是用身體動作，就是用聲音。可是，牠能夠吸引雌性的因素，也同時會吸引攫獵者。照道理講，依照達爾文的「天擇」道理，這些鳥類應該是最沒有特色的才會留下來。可是我們看到的卻完全相反。不把「性擇」與「天擇」放在一起思考，達爾文想像的那個世界跟現實世界就會有差距。

第二項要思考的是《物種起源》第五章，達爾文再度提到「性擇」，集中講「第二性徵」。達爾文主張「第二性徵」很容易變化，很容易在這上面出現變種。「第二性徵」是什麼？「第二性徵」就是單純用來吸引異性、卻沒有實際生殖功能的東西。絕大部分情況下，動物的「第二性徵」都出現在雄性身上。「第二性徵」不是實際的生殖器，沒有生殖功能，是在生殖行爲當中讓對方興奮、讓對方願意跟你交配的特殊條件。像雄獅子身上的鬃毛，就是牠的「第二性徵」。沒有任何生殖的或其他的實際功能，爲什麼一直遺傳下來？因爲那是吸引雌性作選擇的一個重要元素。

在「第二性徵」上，動物界有一個很奇特又最明顯的例外，那就是人。人類在雌性身上的「第二性徵」，遠比雄性身上的來得突出。所以，達爾文說的物種變化的規律、原則，適不適用於人類身上？十九世紀後期一直到二十世紀的前期，「生物學」裡幾乎從來不提這個問題。「第二性徵」的演化，被視爲是達爾文所發現，但是只適用於動物界的原則。不過，一九六〇年代開始，達爾文的說法開始在女性主義圈內受到重視，她們認眞討論到底人類的「性擇」是怎麼一回事。

擴大來看，不只是「第二性徵」而已，而是：人到底在不在物種變化的討論範圍之內？人也依循著物種演化的規律，還是人是一種特例？達爾文另外寫過一本《人類的起源與性擇》（*The Descend of Men, and Selection in Relation to Sex*）專門討論人。我們後面還會談到。

《物種起源》前面幾章，還有兩個主題特別值得我們注意。一個是本能。什麼叫「本能」？就是生物的行爲中，非常明確不需依賴學習就擁有的能力。像是蜜蜂蓋蜂窩。創造論者喜歡問：要是沒有上帝，蜜蜂憑什麼可以創造出人類的數學家都算不出、做不出的精確角度，築成一個蜂窩？要是沒有上帝，爲什麼人類都做不出來的事情，動物卻能做得出來？那些動物爲什麼可以如此完美地跟環境結合？要推翻「創造論」，達爾文必定要處理本能。他在書中論證了本能與習性的分別，而且「天擇」也是可以拿來解釋本能的。

第二是「不育性」的問題。在人類環境裡會看到的現象，不同種或者是稍微相異的種，在不自然的狀況下交配，生出來的子嗣往往沒有生育能力。譬如說馬和驢子會生出騾子，但騾子是不能生小騾子的。要生一隻騾子，你就是得找一匹馬和一匹驢子來交配。騾子是物種變化的明證，但騾子不會繁衍啊！在自然的環境底下，騾子根本不會繁衍，不會持續存在。能育性與不育性到底在物種的變化中扮演什麼樣的角色？在這幾章裡面，達爾文也做了說明。

達爾文造成的典範轉移

《物種起源》這本書其實把兩個不同的論點放在一起：一個講物種是會變化的；另一個講物種變化的原因。從思想史的角度來看，那一些看到達爾文著作後，跟赫胥黎一樣覺得自己如此愚蠢的生物學家，他們到底犯了什麼樣的錯誤？他們都看到了達爾文看到的現象，他們心裡頭大概也都有一個模糊的影子，隱約相信物種是會變化的。可是在那個科學方法基本上已經建立的時代，這些生物學家要主張物種會變化，必須在自己心裡先解決：如果物種是會變化的，那物種爲什麼變化？這是很大的一個問號。

達爾文之所以造成典範的大挪移，牽涉一個外在的及一個內在的因素。外在的因素是這一些與達爾文同時期的生物學家受到創造論者嚴格箝制，他們都知道：如此主張就必須冒犯上帝，更嚴重的，得要冒犯那些以上帝之名的教會與教徒的力量。內在的因素則是，大家蒐集了這麼多的資料，各種證據指向物種變化，明明知道物種在變化，卻找不出一個簡單說明物種爲什麼變化的說法。

主張「物種是會變化的」，與主張「物種是因爲自然選擇而變化」，這是兩個論證（argument）。兩個論證放在一起才成就了這樣一本重要的書。這本書裡面有一些部分只說明物種是會變化的。基本上前面幾章很多都是如此，例如第一章、第二章大概都是在鋪陳物種是會變化的證據，另外有一部分是專門說物種的變化來自於自然選擇。不過全書大部分的內容，達爾文是刻意把這兩樣東西混在一起談。

讓我們這樣假想：如果當時另外有一個人寫了一本書，從頭到尾主張物種會變化；再有一個人也寫了一本書，從頭到尾主張物種變化來自於「天擇」，我們可以想見，在那個環境下，這兩本書應該都不會在英國——更不要說在歐洲、在整個西方社會——引起這麼大的反響。爲什麼呢？因爲那本說物種會變化的書，一出版了一定會被教徒們強烈抨擊抵制，可是亂棒打死也就亂棒打死了，爲什麼呢？因爲他並沒有說出當時生物學家不知道的事。書裡沒有巨大的突破，也就不會有巨大的影響力。那本講天擇的書呢？天擇那本書不會冒犯創造論者。光談天擇是很技術性（technical）、很專門性的「生物學」內部的討論，一般創造論者大概都不會注意到。

達爾文的書卻是將兩者結合在一起，把兩個論點結合成爲一本書，所以一來他必定成功地冒犯一群會有強烈反應的人；二來對那些原本就知道物種會變化，只是沒有足夠勇氣面對被教會宣判下地獄因而不敢公開說眞話的生物學家，達爾文的「天擇論」給他們另外的刺激，逼他們去思考要不要接受他的說法。物種改變的what，天擇是物種改變的why，what以及why加在一起，讓達爾文的書如此強悍。如果沒有解答生物爲什麼變化，光談生物會變化的事實，無法凸顯成大家都必須要注意的現象。

第六章

對達爾文的質疑及其答辯

達爾文將很多他無法回答的問題都寫進書裡，
之後一代又一代的生物學家來讀這本書時，
就同時讀到了這些豐富、多樣的問題。
西方生物學家讀這三章時，
真正讓他們感興趣並大有收穫的，
不是達爾文的回答，
而是達爾文收集記錄下來的問題。
在生物學史上，
真正重要的反而是那些他沒有辦法成功回答的問題，
這些問題一路構成了後來整個演化論的核心。

重要的是達爾文回答不出來的問題

在《物種起源》的七、八、九章，達爾文不再只是單純地面對創造論者可能的質疑。這三章他設想的讀者是生物學的同好、同行們，不再是創造論者。因而這三章他要處理、要解釋的就不再是物種變化，因為那些同行都知道物種是會變化的，他們會提出的批評質疑重點，會放在天擇說。「欸！小查！小查爾斯！你講的很多東西我們都已經知道，知道的幾乎跟你一樣多，可是你突然提出了一樣東西，跑到我們前面，嚇了我們一跳，那就是自然選擇，你說所有物種的變化都來自於自然選擇，這個站得住腳嗎？」

我們現在看到的這三章是《物種起源》第二版以後修訂的內容，也就是依照當時生物學家對第一版內容挑出的重大毛病，提出的辯白。可以這樣說：這三章不再是新舊典範的對決，不是新的演化說對上舊的創造論，而是在新舊典範勝負已分後，新典範內部的進一步延展。當時其他生物學家開始針對演化論，特別針對自然選擇提出邏輯上、論證上的困惑，達爾文爲了回答這些題目，所以寫了這三章。

作爲一個誠實且容易焦慮的學者，達爾文將收集到的專業問題集合成爲再版書裡的內容。應該這樣說，達爾文自己先提出了一套理論，很多人攻擊他，正因爲他誠實又容易焦慮，非但沒有迴避問題，還把問題都寫進書裡，之後一代又一代的生物學家讀這本書時，同時讀到了這些豐富、多樣的問題。從一八八〇年代一直到一九三〇年代，至少在那五十年間，西方生物學家讀這三章時，眞正讓他們感興趣並大有收穫的，不是達爾文的回答，而是達爾文收集記錄下來的問題。

很誠實地說，達爾文在這三章中所提出來的回答，並不是那麼重要。在生物學史上，眞正重要的反而是那些他沒有辦法成功回答的問題，這些問題一路構成了後來整個演化論的核心。我要向大家補充的，就是這幾個問題後來在西方生物學上面，各自形成了什麼樣的傳統。

一、累積說眞的可信嗎？

在達爾文的天演論裡，時間扮演關鍵角色。達爾文一再地在文章中強調，演化是緩慢的，演化需要長遠的時間。書中我們看到他畫的表，那個表記錄的是一百代、一千代發生的變化，達爾文絕對不相信物種的變化可以在幾代之間完成。這是他的科學思考結論，也是他的論證策略。不相信物種會變化的人常常拿眼前看得到的現象舉例——十年前十年後，甚至幾百年前歷史紀錄跟今天比較，物種沒變化嘛！達爾文自己在書中提到：有人用埃及來作證，古埃及留下來的金字塔，還有埃及的古文物上，留下的圖像紀錄的動物，跟今天的動物沒什麼兩樣，那你怎麼說物種會變化呢？達爾文的答案：三千年不見得是夠長遠的時間。我們覺得三千年很長遠，但對物種變化就不見得長遠了。

物種變化要經歷更長遠的時間，因爲達爾文主張演化是漸進累積的，每一項演變都是一點一滴累積，長頸鹿的脖子不會突然之間就從三十公分變成一公尺，達爾文不接受這種劇變。一定是這一代三十公分、下一代三十點零零一公分、再下一代三十點零零五公分，一代一代一代一代，有競爭存在優勢的變化才慢慢堆疊上去，最終出現一個明顯的生物特徵。

針對達爾文的自然選擇說，第一個重要的挑戰是問：如果物種變化眞的是幾代、幾十代、幾百代、幾千代所累積造成的結果，那研究中我們能不能逆著累積的方向回頭推？再以長頸鹿爲例子。嚴格說，達爾文的理論推演是：假設這裡有五隻鹿，大概本來一般高，現在有一隻比別的高一點點，我們假設牠高了一公分。質疑者質疑的是，當牠脖子只高一公分時，會有優勢嗎？牠甚至不能比別人多吃到一片葉子，怎麼叫優勢？那脖子長的優勢又怎麼保留、進而累積呢？達爾文的理論明明是說：因爲你可以得到比較好的資源，你可以得到比較好的交配機會，你可以長得比較好，你可以逃難，你可以逃過饑荒。好，五隻鹿其中只有一隻鹿比別人高一公分，牠並沒有立即取得任何生存的優勢。換句話說，還沒有來得及讓牠再去繁衍下一代，脖子多長一點五公分之前，這個一公分的優勢就不見了，怎麼可能累積？如果只有細微變化，變化沒有優勢，變化就會消失。

重新回到原點，這五隻鹿中如果有一隻，牠的蹄比別人厚一點點。這也跟其他四隻不一樣，可是牠的蹄比別人厚一點點，牠不會跑得比較快，不能多幹什麼，沒有任何的優勢，那會有什麼結果？牠成了一個特別的個體，因爲那點厚蹄沒有優勢，就被淘汰了。那同樣的道理，脖子長高一公分，也沒有明顯的優勢，怎麼會累積呢？

再拿哺乳動物當例子。Mammal爲什麼翻譯作哺乳動物？因爲牠最重要的特色就是會哺乳。哺乳動物在演化上有優勢，因爲哺乳動物讓牠的新生個體可以直接從母體得到營養，得到較好的照顧，新生兒不需自己覓食，直接得到最營養的母親奶汁，那是經過轉化過的一種營養，使得哺乳動物可以發展出最精細的身體結構。哺乳動物因爲哺乳，在演化上相對於不哺乳的昆蟲或魚類就占有優勢。更精確地說，哺乳作爲一個長久累積成的巨大變化，是有明顯演化上的優勢。可是我們要問：照達爾文的理論，哺乳也不是一下子就有的生物特徵，當這一切變化才剛要開始的時候，細微的變化怎麼會有優勢呢？

我們今天已經太習慣動物的哺乳行爲，可是哺乳動物剛剛出現時，不可能有完整的哺乳機制，很可能只是某個動物會從身體裡分泌出一點點乳汁。生物課應該教過最低階的哺乳動物是鴨嘴獸。鴨嘴獸沒有乳腺、也沒有乳頭。哺乳動物在演化起源時，不過是一個個體跟其他個體間有一點點差異，牠能夠將身體裡面的乳汁分泌出來，一次分泌一點點。然後呢？第一、牠生出的後代幼體，會爲了那個一點點乳汁而留在牠身邊？如果不會，那牠和其他非哺乳動物不就沒有差別了？第二、就算因爲什麼特別理由，幼體留在身邊去吸牠的乳汁，吸到每一次分泌出二毫克的乳汁，這樣能得到什麼生存競爭上的優勢？多吸了二毫克的乳汁，怎麼可能因此在不管是面對天敵或逃難面對饑荒，得到生存的優勢呢？照達爾文的說法，要有生存的優勢，新的特色才會保留下來啊！

比目魚的眼睛與「生長法則」

這些生物學家合理地質疑，「累積說」是達爾文理論一個嚴重的缺陷。還有另一個很有意思的例子是比目魚的眼睛。今天我們也已經熟悉比目魚的樣子，因爲長期躺在海底，比目魚的兩隻眼睛跟其他的魚不一樣，不是長在兩側，而是長在同一邊。比目魚的眼睛變成這樣，的確有優勢。不然牠一隻眼睛壓在底下幹什麼？兩隻眼睛都放到牠躺平的上面這邊，在生存競爭上，當然有幫助。但是讀達爾文的書的人要問：這怎麼開始的？比目魚怎麼開始將本來一邊一隻的眼睛挪到同一邊來呢？如果變化是照達爾文所說的，歷經許多代緩慢一步一步開展，那麼當比目魚開始變化時，那變化非但不具競爭優勢，而且還是一個嚴重的不利因素。眼睛稍稍調偏了，會造成的結果是使這條魚的視力變糟，一隻眼睛歪了一點的魚，應該會被淘汰，比起眼睛維持長在兩邊的魚更容易被淘汰。那麼，比目魚不可能變成今天這個樣子。眼睛往上移三分，牠就已經錯亂跌倒了，怎麼會有後代？這個特色不會遺傳下去。

對這些質疑，達爾文怎麼辦？老實說，他避重就輕地打混。他聰明地選擇了講金魚的嘴巴來回應批評者。他說我們看所有的生物變化，都有不同的層級，在不同的層級產生應付不同環境上的優勢。他請大家去看金魚，水從嘴巴進去，然後再由鰓把水流放出來，過程中鰓同時就篩選捕捉水裡面的微小生物了。這個機制，不需要一次就進步到像金魚那樣，每一個階段有每一個階段所帶來的優勢。我們現在或許沒辦法重建金魚演化出這麼龐大的一個濾水機制的過程，不過我們可以看看鴨子，可以看看鵝，牠們也有功能不等的濾水機制，我們就可以推論，金魚的那個嘴巴可能也就是這樣慢慢一步一步演化過來，牠的濾水機制每多一點點功能，牠就有多一點點進化上面的優勢，最後牠的鰓可以發展到這麼精巧。所以累積是有道理的。

達爾文的回答，跟他自己記錄別人的質疑，其實不在同一個層次上。他選了細微變化就會有優勢的例子，躲掉了細微變化不構成優勢的情況，如此避重就輕。

另外，他很聰明地運用了「天擇」，在第七章中加了一個新的東西，叫「生長法則」。人家用比目魚質疑他，他就特別拿比目魚來講「生長法則」。他找到一種特別的比目魚，這種比目魚剛生出來時，眼睛長在身體兩側，成長的過程中眼睛才移動變成都在同一邊。他拿這個例子要講什麼？他說：別搞錯了，有些變化並不是「天擇」，而是「生長法則」。是在同樣一個物體的同一代就完成的。換句話說，那隻比目魚在「天擇」上眞正累積的變化不是這兩隻眼睛的位置，而是這一隻魚可以讓自己的眼睛在成長的過程中移動的那項變化。

你們能了解這差別嗎？達爾文說像比目魚的演化過程當中，我們所看到的不是這隻眼睛如何一點一點的變化，一點一點的改變它的位置。而是例如說這種魚的第一代個體，本來眼睛還是長在兩側，可是因爲牠倒到一邊，倒到一邊時，牠就很努力讓壓在底下的眼睛向上，這樣才可以盡量使用到兩隻眼睛，於是牠的眼眶變大了。換句話說，第一代的比目魚不會立刻就變成兩隻眼睛同在一側，而是開始讓眼眶變大，眼睛可以移位。好，再下一代，眼眶變得更大，眼睛動的範圍更大了。所以事實上不會碰到一隻眼睛歪一邊的魚。前代比目魚的存在優勢是牠的眼睛會動，慢慢不斷累積擴大動的幅度，到了一個程度後，眼睛才換了邊。眞正的演化是眼睛移動的自由度，而不是眼睛的位置變化。

聰明極了！找到這個例證使得至少在比目魚這件事上面，別人只好暫時住嘴。聽起來達爾文提供解答了，但那是針對特定物種提出的解答，還是沒有碰觸普遍性的問題。如果依照達爾文的理論，所有的變化都是從細微的變化開端，我們怎麼能夠預見細微的變化到後來會有演化上的優勢？一開始細微程度上並沒有演化優勢的特性，爲什麼會留傳下去，開始累積增大？這是後來很多生物學家繼續追問的大題目，才會有二十世紀明確挑戰達爾文「漸進說」的重要替代理論「突變說」，「突變說」在解釋變化遺傳上比「漸進說」要有說服力多了。要眞正解釋什麼變化會有存在演化上的優勢，非得要預設突變的可能性不可。

長脖子長頸鹿的優勢與劣勢

再下來第二項對達爾文說法的重要質疑，牽涉到物體。物種的改變不應該是單純的改變，而是會有連動關係。例如說，今天我的一根手指頭變長了，這變化不會單獨出現，一根手指頭變長或變短，連帶會影響到手的骨骼結構，手掌的骨骼結構接著會影響整隻手臂，手臂又影響到身體。換句話說，生物個體的各個部分是相連的，一個部分發生變化，另外部分也會跟著發生變化。人家要問達爾文：有一些變化發生時，一個部位的變化在演化上有優勢，可是連帶產生的另外一個部位的相對變化，反而造成演化的劣勢，那會發生什麼事？

《物種起源》第七章，達爾文講長頸鹿，是爲了解答這個問題。有人質疑：看長頸鹿的變化不能光看脖子，光看脖子很容易，我們就說牠可以吃到更高的葉子，可是你有沒有想過，長頸鹿爲了要讓脖子變那麼長，必須付出的代價？牠必須要變大，不然支撐不了那樣的脖子。大家去動物園看就知道，去比較梅花鹿跟長頸鹿的體型就知道了。身高要長到三公尺，整個骨架都要加大。長頸鹿是草原上的動物，當牠取得了脖子變長的存在優勢，可以吃到較多的樹葉，牠同時就變大，然後同時動作也就變慢了。

達爾文的書裡面沒有提，可是你們去觀察長頸鹿，立刻就會發現長頸鹿另一項很糟的演化劣勢——因爲牠脖子實在太長，牠沒有辦法輕易地低下頭來。什麼時候牠需要低下頭來？當牠要喝水的時候。長頸鹿付出的代價是牠喝水非常不容易。看過長頸鹿喝水沒有？牠得將兩隻前腳交叉，艱難地蹲下來，然後讓牠長長直直不會彎的脖子低下來，長頸鹿不可能不喝水，可是一喝水就是牠最危險的時候。遇到獵食者牠絕對來不及起來，就算起來了，那麼大的體型也跑不快。草原上有那麼多的獵食者，又大又笨重又緩慢的草食動物，那不是肉食動物狩獵的最好對象嗎？如果我們專注只看長脖子帶來的演化優勢，得到的結論會是：因爲有長脖子，所以長頸鹿才能存留變成這樣的物種。可是如果換一個角度去看長脖子帶來的劣勢，我們會得到完全不同的結論：長頸鹿的脖子不要長那麼長的話，牠可以活得更好，可以繁衍得更好。我們要如何確認想像中的優勢不會被連帶變化產生的劣勢抵銷？這又是當時很普遍的一個質疑。

二、演化論是否是自圓其說的迴圈？

其實，後來生物學界一直在探討演化解釋上很令人頭痛的一個根本問題：會不會演化學根本就是一個tautology？殷海光先生（註）把這個詞翻譯為「套套絡基」，比較通用的邏輯理則學譯法是「循環論證」。什麼是「循環論證」？例如說我們去觀察這個社會，得到一個結論，「這個社會上很年輕就結婚的人，其結婚時的平均年齡很低。」這個結論你們聽來覺得如何？你已經先定義了這些人很年輕的時候就結婚，再來找出很年輕，也許是二十歲以下就結了婚的人，然後再去算他們結婚時候的平均年齡，算出來只有十八點多。然後，你就得到的結論說：看，這群人很特別，整個社會平均將近三十歲才結婚，這群人卻十八歲多一點就結婚了。這樣的推論，就叫做tautology。其實結論已經含藏在前提裡，所以論證絕對不會錯，但論證過程也不會增加任何一點內容。

演化生物學，會不會也是一大套「循環論證」？演化生物學的前提，其研究的出發點，是要解釋存在的物種爲什麼會存在。達爾文告訴我們，生物會長什麼樣子是因爲適應環境，能夠適應的才能夠生存下來，那麼，這裡就有一個前提跟結論一致的地方了——現在能夠存留下來的，一定是能夠適應環境的。那爲什麼它能夠存活下來？因爲它最能夠適應環境！這不是循環嗎？

註：殷海光（一九一九—一九六九）：臺灣大學哲學系教授，爲臺灣自由主義的開創者，與經濟學者夏道平爲《自由中國》雜誌的兩支健筆。治學深受羅素（Bertrand Russell）、波普（Karl Propper）與海耶克（Friedrich Hayek）影響，譯有海耶克的名著《到奴役之路》（*The Road to Serfdom*），著作編爲《殷海光全集》，由臺大出版中心出版。其位於溫州街的故居，目前由殷海光基金會管理，對外開放民眾參觀。

像長頸鹿的例子，如果我們不要先入爲主覺得這種奇怪的動物能存在，一定是有什麼天擇上的道理，我們可能會產生更強烈的反應，說不定是：啊，這樣的動物很快就要滅種了！脖子那麼長，身體那麼大！然而，戴著演化的眼鏡來看，就覺得一定是因爲牠脖子那麼長，所以牠可以繁衍存活到今天，於是接著想像思考，長脖子應有的演化優勢。說不定，這優勢根本是我們先有了假定答案，才硬找出來的。要如何確定這優勢是自然界眞正發生的因果關係？

再舉個例子，今天我們知道，貓熊是非常脆弱的物種，是一個如果沒有人力介入，很容易就滅絕的物種。有些人主張，保護生態等於是把人類移開，讓自然自行運作。但是如果眞的這樣做，可以預見貓熊這種動物也就自然絕種了。可是，如果戴上演化論的眼鏡，看到的會很不一樣。在最初發現貓熊的環境裡，我們第一步要搜尋的一定是：既然這個物種存在，那牠有一些什麼演化上面的優勢呢？可是，換一種情況，如果現在我們沒有發現貓熊，到三百年後，貓熊這個物種已經滅絕之後，我們才從骸骨遺跡中發現這個物種，那麼我們問的問題就變得不一樣。我們要問：這動物到底有什麼演化上面的劣勢因素呢？完全同樣的物種，關鍵只在於我們什麼時候發現，我們怎麼注意到這物種，對這個物種的描述，及其演化上的分析就南轅北轍，如此不同。

討論演化會不會經常受限於我們原本預定的問題呢？預定的問題決定了我們會找到的答案。你怎麼知道長頸鹿的脖子是優勢，還是劣勢？對這樣的質疑，達爾文如何回答？達爾文堅持自己原有的立場，所以他說那當然是優勢，長頸鹿長得又高又大，所以牠不容易被其他動物獵殺；而且長頸鹿因為脖子太長可以看得很遠，那些草原猛獸也就不容易跟蹤牠們。達爾文這樣的辯解，讀來讓人頗擔心：他好像在將演化學導引向一個思考習慣：凡是存在的都是有優勢的，凡是存在的都是合理的。如此一來，我們所得到演化學的學問，恐怕就不是眞正在解釋物體或現象如何發生，而只是就看到的現狀「看圖作文」罷了。

沿著這個方向，演化學一路一百多年還受到另一項挑戰質疑：如果演化是有道理的科學推論，那演化應該能預測未來的生物發展變化方向？當然我們知道，演化學沒有辦法做這個事情。面對這挑戰，演化學就必須做許多調整，過去一百多年來多少有意思的研究，其實都從這個邏輯來的。

杜鵑雛鳥的試誤

達爾文在這三章裡，還處理了另一個重大挑戰，他表現得稍微好一點。什麼挑戰？如果依照達爾文的說法，物種不斷長期累積細微變化，這些細微變化必定有許多是出於偶然。這裡牽涉到科學的判準，或說科學與非科學的區分。科學和非科學在十八、十九世紀有一個非常關鍵的區別，科學使人可以節省下「試誤」（try-and-error）無效率的過程，預見了定律與規則。我知道如果一直往東走，最後會回到原點，我不需要眞正往東走，不用去試，因爲我知道地球是圓的，所以早就知道往東走會回到原點。非科學的試誤就是我不知道會發生什麼事，先試了再說。從科學方法上來理解達爾文，他整理的演化絕大部分就是生物累積許多試誤的經驗，在眾多、數不清的試誤當中，總是會試到對的。物種隨時在變化，物種的每一個變化就跟環境之間發生關係。小指頭長一點、耳朵短一些，每一個變化都接受環境的考驗。一萬個變化中可能有九千九百九十九個是錯誤的，沒有用的，只有一個有用，所以這個有用的就會被留下來。然後在這個有用、有優勢的變化基礎上，或許再變化個一千次，這一千次裡面又有九百九十九次是錯誤的，是沒用的，才又再累積另一個可以延續的變化。這是達爾文的邏輯。

有兩種不同態度，從兩個不同方向，對達爾文主張試誤的演化方式提出質疑。一個是，事情有那麼巧嗎？許多很難用巧合來解釋的現象，很難否認其間沒有智慧介入，沒有經過設計。第八章中舉了一個最有名的例子——杜鵑鳥的例子。

杜鵑雛鳥的本能。杜鵑成鳥將蛋下在別的鳥類巢中，杜鵑的幼雛一孵出來，沒有經過任何教導——我們可以清楚觀察到，真的就是剛剛孵化，眼睛都沒有完全睜開——牠就很自動地把巢裡面其他鳥蛋全部推落。這個動作對牠太重要了，把其他本來在那裡的鳥蛋推走，母鳥帶回來的食物就變成牠所獨有。可是怎麼會剛好那麼巧，牠知道要幹這件事？這個本能，太湊巧或是說太精細了吧？如果這是來自學習，我們還可以了解。但杜鵑雛鳥絕對沒學習。爲什麼牠一出生就知道自己是在別種鳥的巢裡，然後剛出生眼睛都沒張開就知道旁邊有個蛋，立刻挪動身體將別的蛋擠下去，怎麼會那麼巧妙？光是靠試誤，一個物種要經過多少變化才會讓那麼剛好的因素，在那個對的時候、在那個對的環境底下，所有的因素全部湊合使杜鵑幼雛有這樣的行爲保護自己，繁衍下去？

達爾文的解釋是：剛開始很可能只是杜鵑雛鳥出生時無意識的動作，破殼而出時有這樣的動作，然而當動作很大時，剛好把別的鳥蛋給擠下去，那牠就會活得比較好，牠就會繁衍比較多的子孫，所以後來留下的都是出生時比較會動的杜鵑的子孫。

這是滿可以讓人信服的解釋。不過談完杜鵑鳥的本能之後，達爾文處理了另一種本能，這時就沒有像講杜鵑雛鳥時那麼自在了，我們可以明顯讀出達爾文的焦慮，很深的焦慮。中文本大概前後花了將近十頁的篇幅，就算沒有十頁也有七、八頁。達爾文要處理第二種態度對試誤的質疑。這個質疑是：爲什麼有些生物靠本能就能夠製造出完美的東西，如果這是試誤的結果，沒有任何智力的介入，那形成的東西一定會有缺點，會有許多粗糙的地方。

蜜蜂為什麼可以創造出完美的蜂窩

下一個例證是蜜蜂。蜜蜂的蜂窩爲什麼會那樣完美？完美的蜂窩，正是創造論者最重要的論據，如果沒有造物主，蜜蜂怎麼造得出蜂窩？單獨一隻蜜蜂任誰都知道牠沒有任何智力，只有一些最基本的本能，這麼多隻蜜蜂湊在一起，一堆大笨蛋們什麼東西都不了解，卻能夠做出讓人類最聰明的數學家俯首稱臣說：「我算不出這麼漂亮的結構！」的蜂窩、人類中最巧的工匠都不一定模仿得出來的蜂窩。這中間一定有造物主，是造物主在蜜蜂背後，藉蜜蜂完成的。達爾文必須試著回答這個問題。

他面對這個挑戰的方式，不是證明蜜蜂用了什麼樣的方式，可以造出完美的蜂窩，他選了另一個策略試圖說服你：蜜蜂的蜂窩沒有這些人說得那麼完美。這是達爾文很聰明的地方，他直接攻擊這一些人認定蜂窩的完美是僞造的論證。達爾文說，不是這樣。第一、蜂窩沒那麼完美；第二、蜂窩沒那麼難造。他用了七、八頁長的篇幅，旁徵博引，甚至連圓周率都出現了，爲了證明給你看，一個一個單獨的蜜蜂所造出來的蜂窩，堆積在一起的時候很自然就產生如此的形狀。這個在試誤範圍以內可以解釋，甚至還沒有像杜鵑鳥那樣的巧合來得難以解釋。

當然其實也沒那麼容易解釋，如果眞的容易，他不用花那麼多力氣。達爾文是有策略的，在講本能的這一章先解釋最容易解釋的，再解釋要花很多力氣去說明的，最後把其實他沒有能力解釋的，藏起來沒有去碰。這就是我剛剛為什麼說他會移花接木，他會轉移焦點。

三、如何解釋物種中個體的利他行為？

他躲掉了一個難題，另外一種奇特的本能，在《物種起源》裡面完全沒回答，可是後來一整個世紀的生物學家，無法不碰這個問題，提了一個又一個答案，往往也就跌了一跤又一跤。很長一段時間，這被視為是演化論最大的罩門。什麼樣的本能是「演化論」，或者是達爾文的天擇說沒有辦法說明的呢？

那就是：如果有一個物種中，其個體的本能是犧牲自我，那該如何解釋？用後來的生物學的命題來說，就是演化如何詮釋、如何說明利他主義（Altruism）？換句話說，這個個體最大特色就是去幫助別人，尤其是幫助別人繁衍，為了幫助別人而存在的。達爾文有沒有遭遇到這個問題呢？

有。但他躲過去了。第一個閃躲，是講到螞蟻與蚜蟲之間的關係。他說，沒錯，蚜蟲老是在照顧螞蟻，這是共生關係。蚜蟲照顧螞蟻可以取得螞蟻對牠的保護。可是別忘了，螞蟻內部有很大一部分的螞蟻，其最大的特色是不繁殖，牠們犧牲自己繁殖下一代的機會去服務其他物體，這就是螞蟻王國裡最多的工蟻。爲什麼利他犧牲沒有辦法解釋？因爲按照達爾文的說法，物種的特性之所以會傳流下去，一定是因爲這特性有演化優勢，有助於繁衍更多的後代。因爲利他而犧牲的個體，很簡單，它就犧牲了，就沒了。依照達爾文的天演論，利他的行爲、犧牲的行爲就算會出現，也只能出現一代，不是嗎？

澳洲的鼴鼠集體群居，其中會有一隻負責看守，防範老鷹，牠所做的就是當老鷹來的時候大聲尖叫。牠尖叫，其他的鼴鼠就趕快跑掉，看守的鼴鼠還繼續發出聲音，牠本來就暴露在外看守老鷹了，還一直發出聲音，當然會被老鷹抓走。讓我們假設，在鼴鼠繁衍的過程中，出現突變，有一隻突變個體，牠就是會在那裡看守老鷹，看到老鷹的時候，牠就發出尖叫，於是只要碰到一次老鷹，牠就沒了，牠怎麼會有後代？跟其他鼴鼠相比，牠最沒有機會把自己的特性遺傳下去，一代就沒了。所以不可能有利他行為。依照天演論，沒有辦法說明利他行為，怎麼會有這種一代又一代的利他行為在物種中發展？

工蟻的利他現象

達爾文拚命閃躲這個問題，他討論螞蟻討論得非常技術性（technical），跟你說那個工蟻及蟻后的身體有些什麼結構差異，搞了半天，可是重點在於如果像工蟻這樣的個體，牠沒有繁衍出自己的任何後代，那牠服務犧牲的特色怎麼會在下一代跑出來呢？照道理講，蟻后所生出來的每一個個體，都應該像蟻后一樣啊，怎麼會有這麼多工蟻聚那裡為其他螞蟻服務呢？

生物學花了很多年的時間，努力試圖解釋利他行為如何形成。一直到理查．道金斯（註一）和艾德華．威爾森（註二）才得出重大突破。威爾森就是研究螞蟻的。由研究螞蟻的人創造出生物演化論上的突破，我們應該不覺得意外。演化學從達爾文往前發展，一定要把演化的眼光跟演化的層級作調整。道金斯跟威爾森主張，演化的層級不是物種，而是基因。從基因的角度看，就很容易詮釋為什麼會有工蟻的利他現象。關於螞蟻，我們還是要佩服十九世紀自然學家觀察之仔細，例如他們很早就認定，工蟻是雌性的。大家小時候學的是不是這樣，工蟻是雌性的？這基本沒錯，卻也不完全正確。工蟻在性別基因上，牠與蟻后、雄蟻有一個最大的不同點，就是牠的性別基因只有一個。雌性的基因是X，雄性的基因是Y，蟻后的性別基因是XX，雄蟻的性別基因是XY，而螞蟻的繁衍有一個最有意思的地方，就是工蟻的無性繁衍，工蟻只需蟻后所產下來的卵，只需要一半的基因，就可以繁衍成為工蟻，所以工蟻當然不會生殖，因為牠只有一個性別基因，沒有辦法分裂。

利他行為如何繁衍流傳？透過利他基因繁衍，而利他基因的繁衍並不經由工蟻。我們在物種及個體身上，看不出來這個道理，要從基因的角度去看才會明白。即使個體毀滅了，基因還是會留傳下去。剛剛提到的鼴鼠，那個帶有利他基因的鼴鼠當然馬上就被老鷹吃掉，可是帶有與牠類似基因的其他個體卻因爲牠的犧牲而能夠繼續繁衍下去，所以還會有帶利他特色基因的物體，繼續繁衍下去，不會因此就消失了。因此愈來愈多的生物學家相信，演化上的優勢不能以物體爲單位來看，要從基因來看，所以稱之爲「自私的基因」（selfish gene）。什麼樣的基因會不斷地複製？愈自私、用盡辦法讓自己不斷分裂繁殖的會留傳下去。從個體的角度看，那一

註一：理查·道金斯（Richard Dawkins，一九四一—）：知名演化論學者，任教於牛津大學，爲英國皇家學會會士。他出生在一九四一年，於一九七六年出版代表作《自私的基因》（*The Selfish Gene*），提出以基因爲單位的演化觀，此書在臺灣由天下文化翻譯出版。其另一本重要著作《盲眼鐘錶匠》（*The Blind Watchmaker*）亦由天下文化出版中文譯本。

註二：艾德華·威爾森（Edward O. Wilson，一九二九—）：當代重要的生物學與昆蟲學家，哈佛大學教授。出生於一九二九年，曾被《時代》雜誌評選爲二十世紀最具影響力的二十五位美國人之一。

隻利他而去看守的鼴鼠沒有留下任何的後代，可是如果換從基因的角度來看的話，第一、牠跟牠的同胞兄弟分享了二分之一的相同基因，牠和牠的再下一代，牠的兄弟同胎的那個物種所繁衍的下一代分享了四分之一的基因，所以牠犧牲自己，卻可以保護許多跟牠有一半基因相同的，或者更多跟牠有四分之一基因相同的個體，這些個體的繁衍也就保證了牠身上的基因，包括利他基因可以被繁殖。

這樣的話，我們就能理解大自然中的利他行為主要的原因了。達爾文那個時代沒有這樣的想法，達爾文一直相信演化的單位是個體。所以他被絆住了，第八章中，他只能不斷地掙扎，不斷地閃躲，尤其在講螞蟻時。並不是因爲我們比他聰明，而是因爲我們比他多掌握了在他之後的生物學發展。螞蟻的演化，不是任何一個個體的演化，是整個物種的演化，換句話說，個體的任何一隻工蟻，牠的演化是沒有意義的，有差異明顯的工蟻、雄蟻及蟻后，任何一個個體的演化都不能解釋這個世界爲什麼存在螞蟻，螞蟻爲什麼用這種方式活著，我們一定要把整個物種看進來，物種及物種內部的單獨個體是兩回事。

有一些演化必須而且只能在物種的層次上面討論，才有意義。達爾文犯了很大的錯，討論螞蟻的個體，光是講蟻后跟工蟻之間的差異，就搞不清楚了。這是後來二十世紀的生物學一個重大的突破，向上談整個物種層次，甚至屬的層次的演化。

我們再來看第四項，在那個時代就已經提出來討論，後來影響也很大。我們又要提到長頸鹿，長頸鹿眞重要，不是嗎？如果長頸鹿的脖子眞的那麼具優勢的話，爲什麼其他動物，在同樣環境中的草食性動物，沒有全都長出長脖子？這裡有兩個相關的問題。第一是，我們如何解釋沒有發生的事？有一些物種身上表現出來的特性很明顯，一看就知道有利於演化，爲什麼在別的物種身上沒有發現同樣的特性？

四、達爾文說的「適應環境」究竟意謂著什麼？

還有另一個問題，照達爾文的說法，最能夠適應環境的物種最能生存繁衍，只要環境固定，是不是又意謂著生活其中的生物會長得愈來愈像？如果說長脖子大有好處，照道理講，所有草原上的草食動物，脖子都應該愈來愈長，我們今天看到脖子有長有短的物種，是不是只是因爲有些還沒有演化？換句話說：生物圈的本質是多元的，還是其多元樣貌，只是一時狀況？如果依照天擇條件，同環境的物體會長得愈來愈像，這又牽涉到創造論者和其他生物學家之間的辯論。我們該如何想像生物界在演化過程中的任何一個特殊階段，物體到底會朝哪裡去演化？有特殊的方向性嗎？達爾文明白指示的方向是：牠會愈來愈適應牠的環境，可是他沒有告訴我們的是，適應環境究竟意謂著什麼？

假設我們畫出一塊區域，這塊區域不大，例如一平方公里，將所有的物種放進去，因爲它的生物條件與生存環境是固定的，所以在這個固定生存環境底下，一定會有一些最明顯符合於這個生存環境的特徵（features），於是我們可以想像，在這個實驗區裡，一萬代、兩萬代、三萬代，不跟外界有任何接觸，這裡面的物種會變得愈來愈少，低等的動物會慢慢被淘汰，愈高等的才有生存上的優勢留下來，最後會有一種完美適應這個環境的物種出現，淘汰了所有其他個體，或者其他物種都漸漸演變成具有那些適應特性，這裡就只有一種，或少數幾個物種了？

生物多元性

這是一個很有意思的想像題材，不是嗎？對於物種演變的方向，達爾文還是閃躲了。他只能閃躲，因爲當時的生物知識不足以讓他回答，甚至不足以讓他思考這個問題。到今天，我們累積了什麼樣的知識，可以看到達爾文看不到的道理呢？我們累積了知識，知道所謂生物的生存環境中，最重要的關係就是生物與生物之間的關係，生物的存在不是一個一個物種單獨的存在。生物的存在是發生在一個一個食物鏈——早期叫做食物鏈，今天比較流行的說法叫做「生態系統」（Ecosystem）——裡。我們剛講的那個實驗，不會出現那樣的結果。因爲生物在任何一個環境中，都會組構成爲一套有不同階層位置的生態系，會有一個生態系統，所以當我們講生物對環境適應與否，其實那個「環境」並沒有絕對標準。一種生物身上發生的變化是不是對於牠生存的環境有優勢，要看牠在那個環境生態系裡的位置來決定。

二十世紀的生物學解決了一個問題，到目前爲止，生物學界的主流意見，相信生物系統的運作機制，基本上是多元的，並不會趨向於一元。對這個觀念講得最好的，甚至將之視爲信仰眞理，不斷宣揚的就是前面提到的威爾森。威爾森的書在臺灣大部分都有翻譯，包括那本很難懂的《螞蟻》（*The Ants*）（註）都翻譯出來了。威爾森是哈佛大學的生物學教授，他是研究螞蟻的，他的辦公室一進去就有一個大玻璃柱子，玻璃柱子裡是一個完整的蟻窩，螞蟻就在那裡進進出出、上上下下。他研究螞蟻，得到許多重大突破。接下來創立了一門新學問，一度非常風行，稱爲社會生物學（sociobiology）。他認爲我們可以用基因、生物的演化、生物演化學的原理來解釋社會行爲。除了人之外，螞蟻是全世界最重要的社會生物。他寫的《社會生物學》絕大部分都在談螞蟻、談鳥、談鼴鼠等社會生物，最後一章則講到人，雖然那一章很短很簡略，卻立刻引起巨大的爭議。他後來又寫了一本書，整理他對這些爭議的反省看法，書名是《論人性》（*On Human Nature*）。不過最近幾年，他把所有的精力放在談「生物多元性」上。從威爾森的著作，你們可以對生態系統得到清楚的概念。

達爾文當時沒有搞清楚的，就是生物的選擇、自然的選擇，沒有標準答案。自然的選擇是在一個動態的生態系統中進行的。要明白動態的環境中，物種與物種之間的關係，我們才能夠判斷物種產生了什麼樣的變化，

註：此書爲威爾斯與德國生物學家伯特・霍德伯勒（Bert Holldobler）所合著，在一九九一年拿下普立茲獎，中文譯本由遠流出版。

在天然選擇之下到底是有利還是劣勢。這是另外一個重要的概念。

如果回到「原始達爾文主義」而不是「社會達爾文主義」的話，那麼天擇理論對我們了解人的行爲有什麼樣的幫助？達爾文從來沒有眞正談「天擇說」跟人的行爲有什麼關係，他只解釋人的來源。但是他不可能阻止後來一代又一代的生物學家去聯想——那麼人在這樣的演化圖像中扮演什麼樣的角色？

達爾文的貢獻與局限

從剛剛整理的這三章，我們可以看得很清楚，達爾文的方法論有其優點，也有其問題。達爾文在方法論最大的優點，就在於以物種的個體作爲演化的單位，所以只要是關於物種個體上所產生的演化變化，達爾文都可以說明得非常精闢，達爾文可以把現實裡面任何一個物種個體拿出來，跟你解釋從這個個體現在的模樣、功能反推過去可能發生什麼樣的事。達爾文建構了一套從單一物種個體回溯其演化歷史的想像結構。

不過，這套方法論最大的缺點也就在：達爾文的分析被綁在物種個體上，雖然他在書裡第二章就說：「所有的關係裡面最重要的，是生物與生物之間的關係。」他卻沒有貫徹自己的這句名言。他對於物種與物種之間的關係所造成的生物選擇、自然選擇，看法還很模糊、很粗略。他只談到了共生現象。但是他沒有一個廣大、擴張性的概念，沒有我們剛剛講的生物鏈、食物鏈或生態系統的概念。把這個概念補上去，我們就知道很多讓達爾文跌倒的地方，是因爲他所看到、能看到的生物關係太單純，那也就同時提醒我們：了解複雜、多重淵源的討論，了解多角互動圖像，才是更好的、能夠讓達爾文的原始思想更完善的途徑。

從道金斯或威爾森的角度來看，改以基因作爲演化單位，是對達爾文演化學的必要修正。用基因取代了個體。他們基本上認定所有達爾文分析的個體層次的演化，都能改以基因演化來解釋。但古爾德就不同意這樣的看法。從古爾德的角度來看，基因只是建構起來的演化大系統，當中的一個層次而已。古爾德畢生的大志願，就是要把演化建構成一個多層次的理論，基因是一個層次，物種個體是一個層次、個體以上的物種是一個層次，物種上面還有屬或者是更大單位的演化。他的理論因而對達爾文的演化說法是補充性的。

依照基因組成的成分，在最低的層次上，人類跟其他生物的相似度是百分之百，因爲基因的組成就是四種蛋白質，所有的生物都是一樣。有人喜歡強調人跟其他動物、某種動物的基因相似度百分之九十、百分之九十八、百分之九十九，如果是藉此來強調我們跟其他生物之間的聯繫，這很感人，但在生物學上恐怕意義不大。爲什麼意義不大？因爲重點不在相似度，而在物種與物種之間的距離。不管外表有多大差距，降到基因層次本來就有很多共同的基本結構。我們每一個人的基因圖譜，跟別人百分之九十九點九九都相同。但你還是知道「一種米養百樣人」。我的意思是，基因學上要處理的大問題，不是這種百分比數字，而是基因差異如何呈現，是差異的質，而不是差異的量。

在昆蟲界，黃翅蝶幼蟲的基因跟馬陸大概有百分之九十五以上是相符的。可是當你看到蝴蝶及馬陸時，你絕對不會搞錯。所以重點是基因演化上的研究，到現在爲止還沒有辦法找出一個明確的模式來跟分類學對照。分類學是依照觀察生物外在特性來分類的。達爾文在第六章、第七章講過一件他覺得很荒謬的事，一些分類學家最在意的東西，他們拿來決定生物分類歸屬的特性，那些特性對那個生物往往是沒有功能的。換句話說，外表看到的現象，跟在基因上展現的，很可能是兩回事。我們現在有辦法從基因的序譜重建一套物種的分類學嗎？這是今天基因生物學一個最大的挑戰，因應這個挑戰極度困難。最大的困難在，光是任何一個物種的基因定序，都是大工程，要把各個物種的定序弄出來，才有辦法排比。很多很聰明的基因生物學家提出了很多的架構，可是到目前爲止還沒有辦法衝擊，更不用說取代原有的那一套分類學。如果我們對基因的構成和基因的演化有更充分的了解，說不定會發現原來在分類學上，人應該跟狗比較親近一點，跟大猩猩還比較遠一點。我的意思是，這是一套完全不同的東西，它還在發展中。

在《物種起源》出版之後

現在，我們對達爾文的個性有了一定的了解，他是一個非常謹慎小心的人，他不會在一開始的時候，就將爭議性最高的，與人類相關的問題放在《物種起源》裡面，因爲這是與教會權威、創造論者最大的衝突點。如果連人都不是上帝創造的話，如果連人都是在物種進化當中，透過「天擇」與「性擇」而產生今天的樣子，這當然是對當時的創造論者跟教會最大的挑釁。所以達爾文一直等到他的《物種起源》已經在整個英國社會，甚至在歐洲社會得到一定程度的影響力，才發表了《人類的起源與性擇》。達爾文當時在寫《人類的起源與性擇》時，他就已經提到：「對於人的神祕，還有很多我們無法了解的事，但是我們開始可以透過演化了解，也許在遙遠的未來，我們有機會透過演化、透過『天擇』，對於人之所以為人，以及人之所以長得像現在這個樣子有更深刻的理解。」我不知道達爾文當時所說的「遙遠的未來」有多遙遠，不過以人類各個學門的知識進展來說，這一方面的進展相對是緩慢的，這個「遙遠」滿遙遠的。一直到隔了一百年的時間，人類才終於比較自由而且自在一點在這個領域有所突破。

第七章

人類文化與物種演化

「親職投資」在演化上面具有優勢的。
上一代花愈多的力氣——
不管身體上或是社會行為上的——將子代養大，
這個子代就有更多的機會活下去，
因此親代身上的基因
也就藉此得到更多遺傳下去的機會。
但換個角度看，「親職投資」愈大，
個體一生當中能夠產生的子代數字就相對變少，
這是生物界的一個兩難（dilemma）。

一、創造論者的反擊

大概從一九五〇年代後期開始，到現在經歷了半個世紀，終於在這個主題上有了比較具體的成果。我們接著來整合歸納一下半世紀的研究成果：如果從「天演論」、「演化論」來看人類，會看到什麼樣的東西？

從哪邊開始呢？從一個歷史性的問題開始：到今天爲止，達爾文的學說完全戰勝創造論了嗎？最近我拜託在美國教書的一個老朋友用電子郵件寄了一些東西給我，我大概把創造論者反駁進化論的最新文獻看了一下，說老實話，創造論者雖然沒有消失，但他們還眞是沒有太大的創造，他們的創造力很有問題，因爲他們大部分還停留在過去的看法中。

他們幾乎對於上帝如何創造這個世界沒有任何新的想法，他們反覆強調的是，達爾文主義是一套理論，不應該被視爲事實。他們舉出的例子集中在說：達爾文主義只看到後來的狀況，假設從前曾經發生什麼事，這個假設、那個過程，跟今天所看見的結果之間，並沒有必然的關係。

他們對達爾文主義的另一項攻擊是，他們舉了很多證據，質疑我們前面提到的試誤作爲演化的動力。如果生物演化要靠試誤，那要花多少時間！創造論者最喜歡用的一個說法是：光是靠著試誤創造人這種動物的機率，大約等於將一隻猴子放在打字機前，讓牠隨便敲打鍵盤，最後打出一齣莎士比亞的戲劇一樣。莎士比亞的戲劇，例如說《暴風雨》（*The Tempest*）好了，每一個字母當然都在鍵盤上面，因此不能完全排除一隻完全不識字的猴子，剛好打出一整部的《暴風雨》的可能性，然而那機率有多高？低到我們雖然可以設想其可能性（possibility），不過我們更清楚其不可能性（improbability），雖然有些微的可能性，但那個可能性實現的機率低到我們可以不用考慮。從常識上看，說一隻猴子坐在電腦前面，經過不斷的試驗，牠會打出莎士比亞的一齣戲來，那當然是荒謬的。創造論者要凸顯的是，如果沒有一個更高的、超越性的設計，怎麼會有如此精巧，擁有超高智慧的人？

今天的創造論者其實不太會激烈地反對在學校裡教達爾文，他們要求的是：你教達爾文的理論時，要告訴學生達爾文的《物種起源》只是一個學說，只是一個假設，另外還存在另一種假設——這個世界是由上帝所創造的，「創造論」及「達爾文學說」都是假設，應該擁有一樣的地位。

看今天的創造論者的論點時，會發現一件很有意思的事，他們大量援引文化人類學家，尤其是他們強調文化的重要性，甚至文化多元性的說法。他們拿出文化現象質問達爾文主義：人類創造這麼複雜的文化，人類的文化力量這麼大，這怎麼可能是自然選擇可以解釋的？

創造論者最反對、最不能忍受的，當然是連宗教、連基督教，都有人把它視爲演化的一環，用「演化論」來詮釋。有「演化論」者主張：宗教之所以在人類社會有這麼大的影響力，正因爲它具備某種演化上的優勢，如果不是這樣，宗教早被淘汰了。對創造論者來講，這是嚴重的挑釁。面對這種挑釁，創造論者使出渾身解數，激動地反駁。一方面他們堅持宗教來自於上帝，來自於神啓；然而另一方面，他們又運用文化論來反駁演化說的自然生物主義立場，主張絕對不能用生物原理來化約文化。

二、繁衍動機與親職投資

慎終追遠背後隱藏的假設

什麼樣的論點是用生物來化約文化呢?清明節大家要幹什麼?去掃墓。清明節的基本精神是「慎終追遠」，譯成大白話就是清明節的存在，背後必須要有一個背景，人們得相信人去世之後，有沒有人去祭拜很重要。這是清明節背後牽涉的信仰與假設。過去長期以來這是中國文化中關鍵的一部分。從文化的角度來看，會有不同的解釋、不同的說法。但如果從演化上來看呢?我們可以試著用很簡單的方式來推演。先來假設，假設在人類演化過程中，出現兩種不同的遺傳因素，一種人是相信的，另一種人是不相信的，那麼這兩種人在繁衍後代上，因爲相信及不相信，各自會發生什麼樣的效果?

對一個不相信這一回事的人，他不在意人死了之後，遺骸埋在哪裡，在遺骸埋的地方有沒有人去上香，有沒有人去掃墓，我們就可以推想他連帶地也就不會那麼在意死後要負責替他上香上墳的後代子孫。反過來看，一個相信而且深切擔心，萬一死後沒有人來上香，沒有人來掃墓的人，他的行爲會有完全不同的傾向。首先，他會努力繁衍後代，他會相信「不孝有三，無後爲大」。爲什麼「無後爲大」？因爲一旦沒有後裔，你所有祖先的墳墓就統統都沒有人掃墓了，這在以前中國文化的脈絡底下，是不得了的大罪名。任何一個讓這一支後裔斷掉的人，不只是影響到自己，還影響到所有祖宗的身後福利啊！眞是個大罪人。爲了要保證自己身後過得好，而且完成你所相信的祖宗傳給你的責任，怎麼辦呢？你會想盡一切的方法，就是要生出兒子來；而且不只是生出兒子，還要保證你的兒子可以也生出兒子。爲了保險起見，不能只生一個兒子，因爲若這個兒子有三長兩短的話，所有祖先全部要怪我，所以能生兩個兒子就生兩個，能生三個兒子就生三個。接下來，不只是要能生兒子，還要照顧兒子過得好、長得好，將來他才有條件照顧死掉後的我，跟所有的祖先。

這聽起來很刺耳，但是，用演化學的概念來說，「慎終追遠」產生的最大效益就是增加繁衍的動機。我們可以想見，光是在這一件事情，不相信掃墓重要性的人跟相信的人比，相信的人就有更高的動機去生很多小孩，所以他的後裔在繁衍上就比不相信的人有了更大的優勢。

除了繁衍動機，連帶相關的還有「親職投資」。他不只積極生出兒子，他還要把兒子養大，確保兒子將來長大了，等他死了，能夠盡責掃墓；所以他必須進行較高的「親職投資」。在親子關係上，比較多的「親職投資」也就意謂著繁衍出來的後代得到比較好的照顧。假定清明節跟遺傳有關，那麼當然是相信會有來世（after-life），相信兒子應該承擔特定責任，是有演化優勢的。帶有這個信仰的基因也會發揚光大，慢慢就會淘汰不相信的人，因爲在一代又一代的競爭當中，相信者的後裔就繁衍愈來愈茂盛，不相信的人沒有那麼大的動機，生出來的小孩沒那麼多，對小孩的照顧沒那麼好，他的基因元素慢慢就萎縮了。

舉這個例子，提醒大家人類社會許多事情，和演化之間好像沒有那麼遠的距離，「演化論」在很多方面可以幫我們解釋、說明今天我們爲什麼會變成這個樣子。

親職投資，雄雌大不同

再來談一點「親職投資」。「親職投資」非常重要，甚至牽涉到最基本的生物學分類。我想請問大家：在人類的領域，怎麼分男的跟女的？你們當然很清楚如何分。那麼，其他哺乳動物，怎麼分辨雄性與雌性？我猜你們也覺得不會有問題。可是如果再問下去呢？你們知道植物也有雄性和雌性，雌雄之間有許多不同。你會不會開始有點懷疑，會不會開始有點擔心：到底植物所謂的雌性，跟人類的女性，眞的有類似之處嗎？換句話說，雌性到底怎麼定義？生物學裡最基本的定義是什麼？

或許你會說雌性會懷孕。但懷孕的定義又是什麼？看看海馬，我不曉得有沒有人懷疑過：爲什麼我們都說是公海馬育兒？牠從育兒袋裡面把所有的小海馬放出來嗎，有育兒袋那爲什麼還是「公的」？你們不是也看過海馬交配？海馬的交配，生物學課本告訴我們：雌海馬會將牠的卵子射到雄海馬的育兒袋裡面。聽起來更奇怪：會射進去，那不應該是雄性做的事嗎？我們要問，難道不能乾脆說會射進去的那個就是公的海馬，會生小孩的就是母的海馬？這不是簡單明瞭了嗎？爲什麼生物學家要一再提：公海馬會育兒，並把牠當作生物界的特殊現象？

雄性跟雌性到底怎麼分別？從海馬的例子我們知道，會懷孕會生小孩其實不是雌性的精確定義。有人可能有這樣的想像：精子進入到女性或者雌性的體內，是天經地義的。不，又是從海馬知道，雌的海馬會把卵子射入雄海馬的身體裡面。那爲什麼牠還是雌性呢？這裡我們必須看更根本的定義：**兩性生殖中，兩性都要提供細胞，哪一邊提供較大的細胞，那就是雌性，提供較小的細胞的，叫做雄性。這才是最基本的定義。**

有性生殖在演化上面最大的優勢，來自於可以製造出不同基因的個體。必須要有兩個親體結合在一起才會有新的後代，也就不斷地進行基因互換（gene exchange），個體有不同的基因在互換，保證了這個物種的個體保有一定的基因多元性，這樣萬一環境有任何變化時，不會整個物種同時滅亡。有性生殖牽涉的親體細胞只有兩種可能性：一種是牽涉當中的兩個親體貢獻的細胞一樣大，可是這種狀況很少；第二種狀況則是一個大、一個小。遇到有一個大、一個小的狀況，我們就把貢獻大細胞的稱爲雌性，貢獻小細胞的稱爲雄性。生殖細胞上的大小現象非常普遍。

以大小細胞分別爲基礎，我們可以進一步討論「親職投資」。在「親職投資」上，雌性與雄性是明顯不對等的。雌性親體爲了要繁殖下一代，光是卵子，就是比較大的投資了。以人類爲例，男人產生一個精子所需付出的身體負擔，可能只有女性產生一個卵子身體上負擔的一百萬分之一，換句話說，女性產生卵子付出的代價至少是男性產生精子的一百萬倍。在個體的其他條件大致相等的情況下，雌性生物一輩子能夠用在生殖上面的能量或者是說資源，只能用來生產少量的生殖細胞。人類女性的卵子數字，跟男性精子的數字甚至不是一比一百萬的差別，很可能是介於一比幾億到幾十億之間。

女性基本上必須付出比較高的「親職投資」，所以她在生育每一個子代的時候就會比較謹愼小心，因爲她一生當中沒有那麼多生殖機會可以嘗試。再以人類爲例，女性的卵子在其出生時，就已經全部在卵巢裡了，生殖功能成熟後，每個月釋放一顆，直到更年期停經。也就是說，女人一生當中能夠有多少卵子，很容易就可以算得出來。男性卻不是，男性精子是隨時放掉了就再生產，兩者的結構、兩者的情況完全不同。

親職投資與不同的生存策略

較大的「親職投資」帶來演化上的部分好處，同時也帶來演化上的部分缺點。卵子愈大也就意謂著可以給予胎兒最多的準備，「親職投資」愈大，後代能夠順利成長而且存活的機率也就愈高。從一個意義上看，「親職投資」是有道理的，是在演化上具有優勢的。上一代花愈多的力氣——

不管身體上或是社會行爲上——將子代養大，這個子代就有更多的機會活下去，因此親代身上的基因也就藉此得到更多遺傳下去的機會。

但換個角度看，「親職投資」愈大，個體一生當中能夠產生的子代數字就相對變少，這是生物界的一個兩難（dilemma）。如果生愈多，所生出來的這些子代，最後能夠活下去的比例就愈少。像魚類可以一口氣孵化出兩萬尾，可是這兩萬尾最後很可能只有百分之零點二能夠變成成魚。倒過來看，如果「親職投資」愈大，能夠提供給子代的保護愈完美，子代存活的比例也就愈高。今天存活比例最高的當然是人。現在我們根本不是用存活率來看待人類子代，而是倒過來算夭折率，而且夭折率還是以千分之一爲單位計算的。換句話說，現在人類社會子代存活率是百分之九十九點多少，這跟魚類有多大的差別！可是倒過來看。你就知道沒有任何人一輩子生兩萬個小孩的。我們付出的代價就是一個人類女性一輩子終其所能，頂多生二十個小孩、二十五個小孩。有愈多的子嗣，對於這些子嗣的個別「親職投資」也就愈低，所以他們存活率也就愈低。有更高的「親職投資」，子代的存活率提高，但是子代出生數也就下降。所以不同的生物能夠繁衍下去，會發展出不同的策略，而這些策略往往不是單純由生殖上的變化或生殖上的因素來決定的。人類是最有名的一個例子。影響人類生殖狀況以及後來演化發展最關鍵的因素，原本跟生殖無關。

三、直立與拇指是人類演化上的優勢

人類的出現，人類相較於其他物種取得的一項優勢，來自於站了起來，Homo這一個屬，人屬，最早的種，也就是開始在生物界產生優勢最重要的種，叫做Homo erectus，中文就是「直立人」。直立，能夠站起來；接著又有大拇指的演化，於是本來的前肢解放出來變成手，這是人在演化上重要的優勢。這個優勢是讓人類可以不需依靠本身的爪牙去戰勝其他動物，開始可以用手投擲，投擲就是使用工具的開始，然後接下來就開發出製造工具的能力等等。

可是爲了要站起來，人類其實也付出很高的代價。很簡單的一個事實，我們的身體結構不是爲了站立而設計的，所以不管你今天多麼年輕，不管你多麼會保養，不管你多麼愛運動，你都不可能在一代中改變身體的基本結構，所以到了五十歲你一定會背痛。爲什麼會背痛？因爲我們背部的結構就是沒有打算要讓你站起來的。有一群猩猩，本來是用四隻腳著地走路，頂多偶爾把一隻前肢解放出來，突然來了突變，有一個個體變成能夠站起來，這能夠站起來的個體因爲得到較多的資源，包括牠的手可以觸碰到較高的地方，這些優勢決定了牠會成功地繁衍下去。可是一直不斷繁衍，卻不意謂著牠就會不斷地產生正確的突變，讓牠的身體結構可以跟直立的行爲完全符合。一直到今天人類的直立行爲都還是不完整的。

人爲了要站起來，用進廢退的原則在結構上製造了骨盆的變化。人從四隻腳變成兩隻腳站立起來，所有的重量就都落在骨盆上。所以骨盆是人類跟其他靈長類動物在身體結構的最大不同之處。你不會看到大屁股的猩猩，你不會看到大屁股的猴子。站起來之後產生的一個結果就是骨盆結構變大，骨盆的骨架變大是向外向內同時變大。於是產生的另外一個作用就是，人類的腹腔空間逐漸縮小了，腹腔空間縮小連帶影響最大的，就是女性的生殖空間。

跟靈長類其他類似的生物相比較，人類的子宮能夠用來膨脹的空間，小了很多。所以在演化上，人類站起來了，骨盆這樣改變，子宮空間變小了，人如果還要一胎生三個——對不起，我沒有對現在生三胞胎、四胞胎的人有任何的歧視，我只是在做演化的假設——那你可以想見胎兒的體型，以及胎兒應付現實環境的準備，都會隨著大幅縮水。如果這時候，又發生了一個突變，有一個女性變體，不再一次生三個，每一次只生產一個，她就會有演化上的優勢，因爲「親職投資」不需要分散，「親職投資」所產生的保護在那個危險環境中顯然是有好處的。所以只生一個的這個基因、這個遺傳因素就不斷地繁衍下去。久而久之，人類慢慢變成常態性一胎只生一個。

肢體的進化與腦袋的退化

可能有人知道最近在印尼的一個古人類學挖掘上的突破。他們挖出了正式名稱應該叫做佛洛瑞斯人（floresiensis），不過受到《魔戒》風行的影響，暱稱叫「哈比人」的特殊古人種遺跡。佛洛瑞斯人個子很小，他們是直立的，但一個成人站著大概只有一百一十公分到一百二十公分。他的腦容量非常小，大概只有今天現代人腦容量的六分之一，甚至比絕大部分的靈長類，黑猩猩、大猩猩、猩猩都來得小。

考古報告剛出來時，大家覺得很不可思議，在演化上能夠站起來，應該是比其他的靈長目更接近現代人，可是大腦怎麼反而是倒退的呢？腦容量怎麼會反而變小呢？後來，演化生物學家很快提供了解答。這是演化生物學很早就已經預期到，但卻沒能在考古上面獲得證實的。人類站起來之後，因爲骨盆變小，所以能夠育養的子代，其腦容量乃至身體的所有機能很可能都必須退化。換句話說，本來一隻猩猩的肚子這麼大，生殖的空間這麼大，所以子代出生的時候，大概已經有長大物種的十分之一大。如果只剩下很小的空間可以育養子代，子代出生的時候，可能只剩成年親代體型的十分之一。印尼哈比人證實了的確是這樣，哈比人站起來，在肢體方面是進化的，腦袋上卻是退化的。

順便提一下，今天人類女性懷孕的體型變化很不自然。懷孕到了最後的三分之一，最後十二週時，基本上是很難走路的，甚至很難睡覺。懷孕最後期，用一般正常走路的速度都走不動，睡覺時必須側躺著。如果回到原始危險的環境裡，一個女性懷孕時的「親職投資」大到這種程度，在叢林時代這樣的物種一定會消失，因爲她完全沒辦法防禦自己，當她沒辦法防禦自己，也就沒辦法防禦肚子裡的子代。人類什麼時候懷孕肚子變得這麼大，我們沒有辦法確知。但從既有考古資料看，懷孕大肚子應該是滿後來的事，進入文明，大概五千年、六千年之前吧！

人類直立起來之後，他的子代變小，大腦也變小，所以他在生存競爭上有其不利的地方。然而經過許多代的繁衍，又出現了一個突變，這個突變使得人類的子嗣、人類的胎兒生出來之後，大腦及肢體，可以成長得比較久、比較多。這突變是，儘管生出來的小孩跟別人的一樣大，可是別人的小孩出生後，大概一年之後就長得跟成人一般大；而突變產生的個體，卻可以在三年或四年的時間裡持續成長。尤其重要的是他的大腦在離開母體之後，可以繼續成長很長一段時間。這樣一個遺傳上的變種，在演化上是優勢還是劣勢？從一個角度來看是劣勢：別的同種個體一年之後就可以離開父母的保護，獨立生活，再開始繁衍下一代。那個要比較多時間成熟的，很有可能在長大之前就被天敵消滅了，那麼這個特殊遺傳基因也就跟著消失了。

不過若是有不同條件配合的話，這項演化上本來是劣勢的因素就轉成優勢。什麼樣的條件配合？如果「親職投資」照比例增加的話。如果生出這個怪物的剛好是「特別有愛心的媽媽」，她願意付出三年的時間把這個小孩帶大，在三年的時間當中她做出許多犧牲，例如說在三年當中，爲了照顧這個怪胎，沒辦法再生另一個，因爲再生另一個的話，不但這個怪胎照顧不了，後面那個也照顧不了，這兩個很可能都完蛋了。

另外還有一個條件。別人只花一年的時間，她要花三年的時間，一邊養活自己一邊養活子代，很辛苦很困難。不過，如果有辦法找到幫手，是不是就比較有可能達成目標？那該找怎樣的幫手？找男人來幫忙吧！

人類演化上奇特的變化

我們看到人類的演化，相應產生一個奇特變化，使得原來演化上的劣勢轉成優勢而保留下來。人類變成了所有的哺乳動物裡面唯一一個隱藏發情的動物。發情是很重要的，因爲發情是雌性發出訊號讓雄性知道，「我現在發情了，你應該來跟我交配。」發情是雌性靈長類動物吸引雄性來交配的條件。一個雌性個體如果發生突變，她排卵的前後卻不發情，沒有出現任何跡象，那麼理所當然這個突變所產生的新特性會消失。因爲那樣就沒有雄性會來跟她交配。因爲雄性動物都是投資者，他要想辦法生更多的子嗣，如果他不管雌性對象有沒有發情，就跑去跟人家交配，他的交配命中率會降低，他產生的子嗣就少，所以像他這種莽撞的笨雄性就會消失。每一個雄性到後來的遺傳一定要教會他只找發情的雌性交配，不然帶有遺傳特性的後裔就會消失。

然而，在人類演化上顯然幾個條件藉一連串偶然配合在一起，才有了今天我們這種樣子。那些隱藏發情的女性個體，必須同時發展出別的方式欺騙男性讓男性誤以爲她發情，甚至到最後搞不清楚她是不是在發情。我們在前面曾經提過一個很重要的問題，達爾文講「性擇」，說是「雄性競爭，雌性選擇」，雄性要弄得花枝招展去吸引雌性的注意，由雌性來選哪一個比較有利的對象。爲什麼是「雌性選擇」？因爲在「親職投資」上，雄性的投資很少，雌性的投資比較大，所以不能隨便浪費，不能找錯。她一輩子能夠懷孕生產的次數有限，所以要講究品質。雄性不是。雄性基本上在親職期間，可以反覆交配，所以對他而言產生最多後代的方法就是交配愈多次愈好，所以他就是不要被拒絕，他從頭到尾只有一個衝動的想法，我不要被拒絕，但是雌性卻是要找到最好的。「雄性競爭，雌性選擇」就是這樣來的。雄性主要是利用他的第二性徵來競爭。所以公孔雀才有大尾巴。

這種狀況在自然界幾乎唯一的例外是人類。人類具備清楚第二性徵的，是女人。同時我們又發現，在動物界也只有一種動物，將發情跡象近乎徹底地隱藏起來。那也是人。這兩件事彼此關聯，單獨出現任何一個特性，恐怕都遺傳不下來，都會在「天擇」的過程中被淘汰。如果雌性只是隱藏了發情，就沒有雄性來交配，所以遺傳不下去；可是加上了第二性徵之後，就產生不同效果。

原本雌性猴子，母猴會利用性器官變色來告訴雄性說，「我發情了，你應該來跟我交配」，女人的策略、女人在演化產生其他變化，讓她利用第二性徵的長期存在，讓男人誤以爲她一直在發情。這方面最重要的，在人類女性的發展上，就是乳房的發育。你去看家裡的母狗母貓，只有一個狀況下牠們的乳房會變大，那就是發情和懷孕時。只有人類不一樣，女人一直都有隆起突出的乳房，男人看到女人的乳房自然會感到興奮。女人身上第二性徵發展就讓男人搞不清楚，我應該在什麼時候跟這個女人交配，最有機會生下自己的小孩？

孩子的爸爸是我嗎？

如此產生的最大、最重要效應是父親身分的不確定。其他動物，尤其是靈長類動物，他們一定要選雌性發情的時候競爭交配，交配了之後牠就知道我的精子在裡面，生下來的就是我的後代，以這種方式，牠可以趕走其他的競爭者。知道雌性已經跟其他雄性交配了，別的雄性就不會笨到再去跟那雌性個體交配，那樣只會浪費自己的精子。然而，人類失去了這項保證，所有男人最害怕的事，藏進人類潛意識，被佛洛伊德挖掘出來的，就是沒有把握哪一個小孩真正是自己的。人類很清楚誰是媽媽，卻不能夠確定誰是爸爸。動物界如何確定？在這個雌性發情的時候誰最先去跟牠交配，交配後雌性也沒有必要跟別的雄性交配。人類不是，人類永遠都在猜測，男人都在焦慮：這個小孩是我的嗎？要用什麼方式保證小孩是我的？

我們再來想想兩種不同的遺傳因素，有一個遺傳因素是反正我就到處亂交配，不管我交配的這個對象，是不是剛剛和別的男人交配，她已經不可能懷我的小孩，我還是願意跟她交配，假設有這種不在乎型的，眞正的花花公子型的。另外有一個遺傳特質（trait）剛好相反，我一定要確認跟這個女人交配時，到底有沒有機會生下自己的小孩？如果她已經先跟別人在一起，或者已經懷孕了，我就省下來去找別的機會。這兩種特質在遺傳上哪一個比較有利？當然是後者。所以他那樣的特質就會遺傳下來，留傳下來久了，絕大部分男人都是算計者。可是很不幸的是，他再怎麼算，都很難算準。人類的女性不只不發情，不在外表上表現發情，她甚至也不在外表上表現懷孕。到今天女性懷孕與否，別說旁邊的男人無法確定，連女性自己都得依賴驗孕棒才能知道。生物界沒有這種奇怪的現象。這個現象就造成了男性的恐慌，而導致了男人要在遺傳上有優勢，必須發展出另外一種行爲——你得看守你的女人。在任何時候不能讓別的男人來碰我的女人，別的男人一旦碰我的女人我就搞不清楚了，我的女人也不知道她懷孕了沒，我更不可能知道她懷孕了沒，如果被人家占了便宜，那就完蛋了，那就不是我的，我的子嗣機會就變少了。

四、家庭制度的演化論基礎

這裡產生了一個生物界本來沒有的東西，後來造成人類進化上的巨大優勢。女人因爲這些變化而得以將男人拉進來作高度的「親職投資」。男人爲了要看守確保生殖的機會不被搶走，後來就必須要在女性生殖的過程中，有更多的投注。一旦他的「親職投資」變大，他的賭注變大，他對於子代是不是能夠好好活著就愈重視。

他要提供、要保護、要看守這個跟他交配的女人。如果沒有保護好被別的男人侵入了，他就慘了，等到小孩生下來之後，他還要養別人的小孩，因爲他完全不知道。怎麼辦呢？依照男性的生殖優勢計較，他最希望就是每一個女人都只跟我交配，而我跟我的女人交配後，最好還能偷偷跑去搶別的男人的女人，這樣我可以生最多的小孩，還可以讓別的男人幫我養小孩。可是別忘了，當你離開自己的女人去偷別人的女人的時候，你的女人就不在你的看守之下，你就不知道她有沒有被別人偷走。

是這種狀況，讓人類發展出一對一的男女關係，雖然這一對一的關係始終不是絕對的。例如說男人確定知道自己看守得好好的，讓他的女人懷孕了，這時候男人就覺得安全，孩子確定是他的，他在演化上的優勢，就會讓他在這個時候跑去偷別的女人。因爲這個時候他的女人是最安全的，可以不用看著，這個時候是他最自由的時候，可以去偷別人的女人，去多種一個，多種一個就多一個子嗣，多一個子嗣他的遺傳就會多得到保留的機會。

從演化觀點看男女的親職投資

從演化生物學的角度，有人這樣主張：雖然我們文化裡不斷地強調母職，女性也往往看到別人懷孕時，覺得懷孕中的準媽媽很漂亮，但是很難讓男人覺得懷孕的女人很美，尤其最難的是讓他覺得自己的太太懷孕了很美。這在演化上是有道理的。因爲具有這種遺傳基因的男人，會有最多的子嗣。

很多人類身上的現象，還眞的只能用演化來說明。例如說人類的男性製造精子的速度不是固定的。很單純的一夫一妻的性關係，什麼時候丈夫射精的數量會增加？可能大部分的人都會認爲是兩人相隔很久沒做愛，累積久了，丈夫就會有較多的精液。測量的事實卻不是如此。不是取決於性愛的間隔，而是男人有多久，有多長時間不在他老婆身邊。或者應該倒過來說更準確，取決於老婆有多長時間不在他身邊。如果朝夕相處他覺得老婆很安全的，就算間隔三天五天一星期才做愛，精子的量不會有明顯增加。但如果老婆去參加同學會，過了一夜才回來，你就會發現老公的精子分泌可以突然增加百分之四十。這是什麼？這就是人類演化所留下來的。因爲有可能別人在這個時候種了精子在女性身體裡面，所以身體無意識的反應，就是要趕快搶，如果這個時候射精多一點，或許還有機會讓我的精子贏過別人的精子。這其實是人類身體裡留下的演化痕跡。

從演化的角度看我們就明白，男性與女性在處理生殖的事情上，一定非常不同。男性要的是能夠有最多機會繁衍最多的子代，同時阻止別的男性來搶；女性呢？女性要的是，願意跟她共同做親職投資的。所以擇偶的對象、擇偶的過程就必然非常不同。男性因爲在意最後能夠得到多少個小孩，能夠生殖的機會有多少，所以在擇偶的時候，都會傾向選擇生殖期剛開始不久的女性。換句話說，如果一輩子要跟一個女人在一起，那要讓這個女人生最多的小孩，當然最好從她剛剛可以生殖就開始，一路幫我生到停經爲止。所以男性喜歡年輕的女性，也有演化生殖上面的道理。

甚至包括男性的審美觀念，都受到演化影響。人類學家曾經調查過，各種不同的文化裡面，男性跟女性對漂亮女人的認定標準。到後來發現：不同文化裡的男人，跨文化地認定漂亮女生眼睛要大，鼻子要小。這有什麼意義？人類的身體結構會隨著年齡的增長變化，臉部的變化上，眼睛的比例會變小，鼻子的比例會變大。所以，喜歡大眼睛小鼻子，其實只是拐一個彎強調年輕的重要性。講那麼一大堆什麼人好看、什麼人不好看，到最後只要女人年輕就好看，這個標準最符合演化需求。

男性在意女性生殖的機會，要女人生愈多小孩愈好；那女性呢？女性是自己要付出這麼多的親職投資養育一個小孩，所以要找到的是能夠幫她分擔的人。所以女性不會在意男人很年輕，因爲年不年輕對她生殖的機會沒有差別，女性也不會那麼在意男性的生殖能力有多少。那女性在意的是什麼？美國有一個很有名的心理學試驗，用來試驗人的焦慮。試驗的方式是用類似測謊的偵測器貼在受測者身上，然後叫你一樣一樣事情去想像，說你現在想像碰到什麼事，再來現在想像碰到什麼事，然後記錄受測者的身體反應，最後測出你對什麼最感焦慮，你最受不了的事情是什麼。美國的男性跟女性，在兩性關係上最焦慮、最受不了的東西很不一樣。叫一個男人想像，老婆現在跟一個要好的男同事在外面吃飯，他們兩個談得很高興，你老婆還可能愛上他，男人當然很不舒服。接下來問他：那現在想像你老婆跟她那個同事上床，男人的焦慮果然就到達最高點。可是倒過來跟女性受測者說，請妳想像妳老公在別的地方跟一個女人有關係，女人會有強烈反應。但接下來請她想像老公不愛妳，再也不要跟妳在一起了，焦慮指數衝上去，到達最高點。這是演化學家設計的心理實驗，要證明一件事情，那就是：男性因爲演化的關係，因爲在生殖上面優勢的關係，最在意的是配偶的不忠，讓配偶的生殖機會被別的男人占走；女性最害怕的卻是男性不愛，所謂「不愛」的意思是撤回他原來在「親職投資」上的承諾，兩者重點很不一樣。太太就算全心全意地跟人家談場戀愛，但是沒有跟人家上床，男人很容易原諒。但是倒過來看，男人到處亂搞，一天到晚有女朋友搞七捻三，只要他還顧家，女人可以原諒。

我們看到演化對於兩性關係有影響，卻沒有就要把這種情況當作應該的意思。我們可以了解，兩性各有其在演化上需要的優勢，也各有其劣勢，所以才產生了今天所看到人類社會的家庭關係。家庭關係提供給男人生殖機會的保證，跟一個特定女性個體的生殖機會不會被別人侵擾，你不用一天到晚擔心配偶不忠；對女性而言，家庭則保證了一個特定男性個體在「親職投資」上的參與付出，妳不用一直擔心妳的老公拋棄小孩，放棄「親職投資」。

一夫一妻制與一夫多妻制

可是家庭制度同時也構成演化解釋上的難題。完全依照演化原則，一夫一妻制度怎麼會是自然的制度？前面已經講了，男人生殖上最大的優勢是去搞很多女人，每一個女人都幫他生小孩，他就會有最多的小孩，不是嗎？他如果有夠多資源，應該就會去找很多女人，他還可以把很多女人關起來，像傳統的國王皇帝都有「後宮」一樣，這樣他就可以生最多的小孩，在生殖上最有優勢。一夫多妻制，單純從生殖演化角度看，女人也沒有強烈抗拒的理由，因爲女人要的是「親職投資」上面的協助。如果有一個男人可以提供這麼多「親職投資」，我不需要去跟其他女人計較，一個不嫉妒的女人反而因此得到最好的男人「親職投資」，即使她必須要跟別的女人分享這個男人，她還是會生出很多的子嗣，而且讓子嗣既得到強悍的男性基因投入，還得到足夠的「親職投資」。換句話說，單純從演化的生殖優勢看，嫉妒的女人應該會滅種啊，不會嫉妒的女人應該在演化上有優勢，會得到較多的繁衍機會，最後所有的女人都變得不嫉妒。

有人會說那是因爲大部分演化學家都是男人，才會這樣想。但是，這個問題眞的還是存在——一夫一妻制到底如何維持的？解釋這個問題，一定有文化上的因素要考慮，不過自然的演化原則還是有部分幫助。人類社會中有過很多一夫多妻的例子，相對卻很少有一妻多夫制，這有一大部分是演化決定的。一妻多夫制讓男女雙方在演化上面都沒有優勢。然而一夫多妻制爲什麼沒有變成人類固定的制度，相對比較難解釋。因爲一夫多妻制在演化上遠比一夫一妻制來得合理，我指的是自然界的合理，不是社會道德上的合理。

有一種解釋是：一夫一妻制的好處在降低了男人彼此之間競爭的強度。如果一夫多妻制盛行，在自然的環境底下，少數的雄性霸占了所有的雌性，有很多男人，得不到交配的機會。那會產生兩種結果。一個結果是所有不能交配的男人，遺傳基因就消失了，最後留下來的都是勝利者；可是還有一種可能是，這些男人在還沒有滅絕之前，會基於一個衝動，不管這個衝動用什麼形式表達，他會去搶奪那一些占有很多妻子的男人的財產；或者這一些都得不到配偶的男人，就會團結起來去對抗那個占有太多資源的人，如果是這樣，情況就不同了。這關係到人類身上有沒有一種基因，有沒有一種遺傳的成分，是跟公平性有關的？有演化學家主張，爲什麼變成一夫一妻制？因爲人類比其他的動物多了一樣東西。什麼東西呢？用另一個實驗來說明吧！

公平概念

我來解釋一下這個試驗，每個人試試看自己是不是這種演化學家認定的社會動物（social animal）。每兩個人配成一組。每一組十塊錢，兩人開始猜拳，猜贏的人決定這十塊錢要怎麼分，猜輸的人則可以選擇要不要接受別人提出的分法。也就是，猜贏的人講分法，猜輸的人聽了說「好」，那十塊錢就照那種分法給你們兩個；但如果提出來的分法，猜輸的人不接受，那十塊錢就沒收，兩人統統沒有。好，你自己在腦子裡面想一下，如果是你猜贏，你會怎麼分？自己九塊錢，別人一塊錢？我八塊，你兩塊？我七塊，你三塊？我六塊，你四塊？還是五塊五塊平分？

倒回來，如果猜拳你猜輸了，你會接受什麼分法，不接受什麼分法，你的底線在哪裡？他說：「我七塊你三塊」你接不接受？八塊兩塊呢？有誰會接受「九塊一塊」？坦白說，如果你心中設有底線，就表示你不是完全理性的了。八塊兩塊你就不接受，因爲他拿走了八塊，我只有兩塊；可是拒絕了，他沒有，你也沒有啊！接受八塊兩塊，甚至九塊一塊的分法，你總是口袋多了錢，但是拒絕了，這本來可以進口袋的錢就沒有了。八塊兩塊爲什麼不接受？顯然是自己寧可不要兩塊，但也不讓別人拿八塊。這是唯一的解釋。

這個實驗在演化學上很有意義，顯然在人類的行爲中，有一種東西絕對不能被排除不理，這是其他動物身上沒有，或至少不明顯的，那就是公平性。我明明知道你可以拿走八塊錢，只給我兩塊錢，那麼即使我會損失兩塊錢，我就是不要讓你拿到那八塊，這是非常素樸、近乎自然本能的公平性概念。這公平性概念也表現在大部分猜拳猜贏的人，選擇跟對方五五分帳上。有機會可以自利，你爲什麼決定給對方五塊？這表示你認爲五五分帳是「公平」的。你不會想：應該給對方一塊錢自己留九塊，反正他會拿到一塊錢，總比沒有好，所以他會接受。因爲你清楚這世界，人間世界不是這樣過日子的。

這裡面當然牽涉到社會性因素。不過將這個實驗拿到不同的文化環境去試，都得到類似的結果，演化學家就有理由相信：公平性概念應該具有生物性的基礎。人類對於什麼是重要的，有一個高於別的動物，或者說比別的動物多一點的判斷——公平性判斷。如果不符合公平性判斷原則，不惜讓它統統沒有。

爲什麼一夫一妻制會留下來，或許就是因爲人類有這個多出來的公平基因。這個公平基因使得生殖劣勢的人帶著不惜讓大家統統都沒有的衝動。若你是個擁有公平性基因的人，本來你的生殖條件很差，應該是分不到老婆的，可是這個公平性基因讓人家怕你，於是你就取得了不同的演化優勢了。一些本來沒有機會生小孩的人，靠著別人對他的恐懼，把原本占著的女人讓出來，他的基因就可以傳下去，這種有公平性基因的人增加了，人類社會就慢慢趨向於一夫一妻制。

這種公平性基因帶有同歸於盡的衝動，非常強烈的毀滅性衝動，他不惜把自己毀滅掉，那他的基因也會跟著毀滅；然而在他毀滅自己之前，別的沒有這種基因的人讓步了，結果這個公平性基因得以繁衍，繁衍累積到一定程度，整個社會就不可能無視於公平性的問題。

第八章

演化論的陷阱與影響

演化是動態的，
演化不是一條路，而是一個範圍，
在這個範圍裡面，
我們實際會走的路有不同的可能性，
但基本上無法走離開這個範圍。
實際的路，不是演化決定的，
但我們畢竟還是得尊重，
更得理解演化畫出來的範圍到底從哪裡到哪裡，
有多寬廣或多狹窄，邊界又在哪裡。

一、演化論的三個陷阱

「演化論」可以幫我們看到今天社會之所以長這個樣子，一些可能的生物性基礎。不過也因爲這樣，我們要小心點，有幾個陷阱不要掉下去了，尤其不要濫用、誤用演化的解釋。

有一個陷阱是「粗糙的誤用」，用自然來解釋一切。例如以爲：演化上男人到處拈花惹草有其道理，所以男人就應該要這樣。很多人反對「社會生物學」，反對新的演化生理學、心理學，正是基於這個理由，覺得這些學說在合理化很多強勢者的行爲。我要提醒大家：演化從來不是這麼簡單，演化有沒有優勢從來不是絕對的。例如人站起來，站起來有優勢，卻也有代價。女人掩藏發情，付出了代價，卻又可能在其他轉折當中，翻身變成優勢。演化的優勢與劣勢，是一個非常細膩的動態過程，我們不能將演化優勢看作是絕對的。如果有一天女人懷孕時間變成三個月，那是不是優勢？謹慎的答案是：難以判斷。三個月就可以生一個，可以多生很多個。可是懷孕三個月所產下來的子嗣，沒有辦法跟懷孕十個月生下來的子嗣進行生存上的競爭，所以反而變成劣勢。就是不能這樣單純粗糙地看什麼是優勢、什麼是劣勢，優勢、劣勢往往不平衡而且快速變動，我們只能從動態中詮釋優勢或者是劣勢。

還有，優勢、劣勢關聯到環境的變化，不同的環境條件下，原來的優勢也會變成劣勢。如果我們單純只看人類生殖因素的話，那任何男性若能吸引最多的女性，可以跟最多的女性交配，他就有生殖上面的優勢。可是當我們把剛剛所說的神奇的公平性基因加進去，這個人很可能變成眾矢之的，變成別人團結起來對抗的對象，這時他的優勢就轉過來變成大劣勢。大家在看達爾文，進而從達爾文去理解「演化論」，把「演化論」用在解釋人類時，一定要有這種動態概念，要做一個細膩的「演化論」者，不要濫用粗糙「演化論」。

請記得如果在暢銷流行的科普書中，讀到有人告訴你「這就是優勢、那就是劣勢」，缺乏動態分析，就應該把那本書丟到一邊去。只有動態上的優勢、劣勢，優勢跟劣勢往往是同時出現、同時存在的。

第二種誤用是忽略了人類一個重大的能力，以及這個能力帶來的重大差異，那就是人類是所有的生物裡面唯一具有反省（introspection）能力、反思能力的。只有人類會試圖理解演化的道理，人類對於演化的知識本身變成演化的變數。這就是爲什麼達爾文這麼重要的根本理由。達爾文發現了十九世紀之前藏在自然界的演化祕密，如果從來沒有達爾文，或說如果人類從來沒有辦法對演化進行說明、了解、解釋，那人類的演化在不知道「演化論」的情況底下，就只能「順其自然」。可是一八五九年達爾文把這個謎解開了，人類因爲知道了演化是什麼，而開始具體思考什麼是演化上的優勢與劣勢。因爲這個知識的影響，勢必讓人類的演化及原來「順其自然」的情況，大不相同。

很多人類行為的謎無法用演化論來解釋

討論到二十世紀以後的人類社會，絕大部分二十世紀以後或者只存在二十世紀的現象，我都認爲不能夠單純地用「演化論」來解釋。因爲那時人類已經知道演化是怎麼一回事，人的行爲受到他對於「演化論」的理解所影響，產生了不同的行爲模式，跟懵懂接受演化的改變是完全兩回事。這個反省、反思的部分，我們也絕對不能忽略。

最後要提醒大家：演化其實眞的很有趣，可是演化有它的限制，很多很多關於人類行爲的謎，沒有辦法在演化上面得到充分的解釋，大部分時候必須要借助於文化、社會、歷史的種種因素。到目前爲止，有幾個很明確標誌演化限制的重大議題，例如說自殺，自殺跟遺傳有關係嗎？照道理講不應該會有自殺的基因。動物界所有的動物，幾乎沒有任何一種會自殺的，尤其是個別個體自殺。這在演化上說得過去。任何突變產生一個自殺的基因，那會自殺的個體死了，他基因就不會傳下來。那爲什麼人類不一樣？所以這個時候我們就要去看涂爾幹的《自殺論》（註），參考他從社會學角度提出的解釋。演化論者提出很多想法解釋自殺，最有意思的是：人類的自殺基因跟公平性基因是相關聯的，換句話說，自殺行為幫助別人清楚了解問題跟危機所在，發出警告。自殺者犧牲了自己，使得這個社會能夠意識問題，解決問題。這說明了自殺行為的正面意義，但還是沒有解決為什麼自殺者不會絕跡的困擾。

還有爭議性很高的題目——同性戀。同性戀的結合無法生殖，那如果同性戀跟遺傳有關係的話，那個基因顯然不會遺傳，所以不管是自殺行為，或者同性戀，怎麼出現、怎麼延續的？難道是一代又一代不斷出現突變嗎？這樣的機率會有多高？演化概念無法解釋人類一些重要行為的來歷，這就應該不斷地提醒我們，不要濫用「演化論」的詮釋。有一些地方可以用，因為我們可以得到好的答案；另外一些地方，我們最好還是保留一點，去找別的答案，或去找別的答案的可能性。

二、達爾文迄今的影響

從一八五九年《物種起源》這部著作出版，一直到今天，其實經歷很多不同的階段。整體而言，達爾文的貢獻之一，就是打破了人與動物，甚至與其他生物的分界，他讓我們了解，原來我們內在有很多東西，是文化、社會習俗管不到，改不了的。他讓人們知道，有多少我們過去以爲是人類文化的一部分、社會的一部分，其實不過就是我們動物性的折射、不同的表現而已。

可是到了二十世紀初期，因應於達爾文主義曾經產生非常強烈的反動，那就是文化人類學。文化人類學的起點就是希望在宗教對於人的理解跟達爾文主義對於人的理解當中，找到一條不同的路。宗教對於人的理

註：涂爾幹（Emile Durkheim，一八五八—一九一七）：法國社會學家，與卡爾．馬克思、馬克斯．韋伯並稱社會學三大家。代表著作包括：《社會分工論》（左岸）、《社會學方法論》（臺灣商務）、《自殺論》（五南）、《宗教生活的基本形式》。

解：人是上帝造的，人是上帝崇高意志下的產物；達爾文則把人拉下來，說我們也不過就是懂得如何掩飾自己動物性的一群動物，仍然是依照動物性在過日子。文化人類學家希望建構一套文化概念，來解釋人跟動物之間不同的地方，也解釋人如何超越其動物的天性自然本能，而創造出一種不同的生活。所以人類學家或者說文化人類學的一項基本假設，是人雖然有動物性的身體，可是在這個動物性身體的基礎上，文化能夠進行的改造，遠比我們想像的多得多。

舉一個例子，文化人類學的祖師爺之一鮑亞士（註一）做過一個重要且神奇的調查，調查搬到美國的移民的頭形。調查頭形要幹麼？鮑亞士藉此證明：你移民到美國去，你的長相會愈來愈像美國人。人爲的環境甚至可以影響到頭蓋骨的長寬高比例。移民第一代和第二代的頭蓋骨比例就是不一樣，而來自不同地方移民的第二代，頭蓋骨形狀卻彼此愈來愈像。連頭形都可以改變了，還有什麼是文化不能改變的？你還能拿什麼來抗拒文化對你的改變？

這調查在當時造成極大的震撼。文化力量大，眞的很大。還有前面提過的涂爾幹的《自殺論》也一樣帶來震撼。自殺原本是個人的選擇，可是涂爾幹證明了不同社會裡的人，會有不同的自殺率。換句話說，自殺是社會行爲，不全然是個人行爲。社會力量大，眞的很大。

一九二〇年代開始一直到一九六〇年代，社會、文化變成凌駕於人類本性之上的重大變數。有像史金納（註二）那樣徹底的「行爲主義者」，認爲可以靠簡單的刺激反應，把人塑造成任何型態。換句話說，後天教育很重要，相對的天性沒那麼重要，更沒那麼了不起。不過六〇年代、七〇年代之後，天性、本能、人性（human nature）又回來了，愈來愈強調其實文化沒有那麼了不起，人類行爲中有一些東西，不管是好的或是壞的，都跟

註一：鮑亞士（Franz Boas，一八五八—一九四二）：德裔美國人類學家，爲現代人類學的先驅，被尊稱爲「美國人類學之父」。

註二：史金納（B. F. Skinner，一九〇四—一九九〇）：美國心理學家，新行爲主義的主要代表。

自然有關係。我們其實沒有那麼大的本事忽略自然給予的限制。

今天大家稍稍取得一點共識，都同意：我們大概沒有辦法逃開達爾文，達爾文遠比我們想像的來得犀利，來得有影響得多。換句話說，我們的身體內在、我們的行爲、我們的社會，有很大一部分是受演化影響。演化是動態的，演化不是一條路，而是一個範圍，在這個範圍裡面，我們實際會走的路有不同的可能性，但基本上無法離開這個範圍。實際的路，不是演化決定的，但我們畢竟還是得尊重，更得理解演化畫出來的範圍到底從哪裡到哪裡，有多寬廣或多狹窄，邊界又在哪裡。

附錄 達爾文生平與世界史大事年表

年代	達爾文生平年表	世界史大事年表
四一三年		奧古斯丁寫作《上帝之城》。
一四九二年		哥倫布登上美洲大陸。
一七五九年	約書亞·瑋緻活創立瓷器公司。	
一七九四年		威廉·佩利神父的《基督教的證據》出版。 達爾文的祖父伊拉斯謨斯·達爾文發表《動物命名學》上冊，於一七九六年出版下冊。
一七九八年		馬爾薩斯發表《人口論》。

年代	達爾文生平年表	世界史大事年表
一八〇四年		拿破崙稱帝。
一八〇九年	達爾文出生（二月十二日）。	拉馬克的《動物哲學》出版。
一八一七年	達爾文的母親去世。	
一八三一年	達爾文展開小獵犬號之旅。	
一八三六年	達爾文結束小獵犬號之旅。	
一八三八年	達爾文閱讀馬爾薩斯的《人口論》。	
一八三九年	達爾文與表妹愛瑪結婚。 達爾文發表《小獵犬號航海記》。	
一八四〇年		中英鴉片戰爭。
一八四二年	達爾文完成一份三十五頁的演化論概要。	
一八四四年	達爾文將關於物種起源的筆記擴充為一篇二百三十頁的綱要。	
一八四八年	達爾文的父親去世。	

年代	達爾文生平年表	世界史大事年表
一八五九年	達爾文出版《物種起源》。	
一八六五年		孟德爾發表豌豆雜交實驗的研究成果，但未受重視。 美國南北戰爭結束。
一八六七年		馬克思的《資本論》第一卷出版。
一八六八年		日本展開明治維新。
一八七〇年		普法戰爭爆發。
一八七一年	達爾文出版《人類的起源與性擇》。	
一八七二年	《物種起源》的最後一個版本，即第六版出版。	
一八八二年	達爾文去世（四月十九日），享年七十三歲。	

年代	達爾文生平年表	世界史大事年表
一八八五年		尼采完成《查拉圖斯特拉如是說》。
一八九五年		中日甲午戰爭結束，簽訂馬關條約。
一八九六年	達爾文的妻子愛瑪去世。	
一八九七年		
一八九九年		佛洛伊德《夢的解析》出版。
一九〇〇年		嚴復翻譯托馬斯·赫胥黎的著作《天演論》。

延伸閱讀

達爾文的著作

■ 達爾文，《物種起源》，葉篤莊等譯。臺北：臺灣商務。

■ 達爾文，《小獵犬號航海記》（上）、（下），王瑞香譯。臺北：馬可孛羅。

■ 達爾文，《小獵犬號環球航行記》，周邦立譯。臺北：臺灣商務。

■ 達爾文，《達爾文作品選讀》，王道還編寫。臺北：誠品。

達爾文的傳記

■ John Bowlby. *"Charles Darwin: A New Life."* New York: W. W. Norton & Company.

對達爾文的詮釋與演化論的發展

■ 托馬斯．赫胥黎，《天演論》，嚴復譯。臺北：臺灣商務。

■ 提斯．戈德史密特，《達爾文的夢幻池塘》，黃秀如譯。臺北：時報文化。

■ Stephen Jay Gould, *"The Structure of Evolutionary Theory."* Cambridge: Belknap Press of Harvard University Press.

■ 古爾德，《達爾文大震撼：課本學不到的生命史》，程樹德譯。臺北：天下文化。

■ 古爾德，《貓熊的大姆指：聽聽古爾德又怎麼說》，程樹德譯。臺北：天下文化。

■ 古爾德，《生命的壯闊》，范昱峰譯。臺北：時報。

■ 艾德華．威爾森，《論人性》，鄭清榮譯。臺北：時報文化。

■ 艾德華．威爾森，《大自然的獵人：博物學家威爾森》，楊王齡譯。臺北：天下文化。

■艾德華．威爾森，《繽紛的生命：造訪基因庫的燦爛國度》，金恆鑣譯。臺北：天下文化。

■艾德華．威爾森，《生物圈的未來》，楊玉齡譯。臺北：天下文化。

■艾德華．威爾森，《CONSILIENCE 知識大融通》，蔡承志譯。臺北：遠流。

■理查．道金斯，《自私的基因》。臺北：天下文化。

■理查．道金斯，《盲眼鐘錶匠》。臺北：天下文化。

■理查．道金斯，《伊甸園外的生命長河》。臺北：天下文化。

在地球瀕臨滅絕時，還原達爾文——讀懂達爾文與《物種起源》

作　　者——楊照
策 畫 人——喻小敏
特約編輯——林毓瑜
校　　對——張瀞云
發 行 人——蘇拾平
總 編 輯——蘇拾平
編 輯 部——王曉瑩
行 銷 部——陳雅雯、張瓊瑜、蔡瑋玲、余一霞、王涵
業 務 部——郭其彬、王綬晨、邱紹溢

出 版 社——本事出版
臺北市松山區復興北路333號11樓之4
電話：(02) 2718-2001　傳眞：(02) 2719-1308
E-mail：motifpress@andbooks.com.tw
發　　行——大雁文化事業股份有限公司
地址：臺北市松山區復興北路333號11樓之4
電話：(02) 2718-2001　傳眞：(02) 2718-1258
E-mail：andbooks@andbooks.com.tw

封面設計——黃子欽
排　　版——陳瑜安工作室
印　　刷——上晴彩色印刷製版有限公司
2017 年5 月初版
定價　300元

ISBN 978-986-93599-2-4

國家圖書館出版品預行編目資料
在地球瀕臨滅絕時，還原達爾文——讀懂達爾文與《物種起源》　楊照 / 著
一 初版.一 臺北市；本事出版：大雁文化發行，2017 年 5月　面　；　公分. –
ISBN 978-986-93599-2-4（平裝）
1. 達爾文主義　2. 演化論
362.1　　　105019535